本書の見どころダイジェスト

アパマンとは，アパートやマンションのこと．アパマン・ハムとはアパートやマンション住まいでアマチュア無線（＝ハム）を楽しんでいる人たちのことです．本書では，アパマン環境でアマチュア無線を楽しみたいと思っている方に，現状を踏まえた実践方法を紹介していきます． 〈編集部〉

私のアパマン・ハム・ライフ ▶▶▶ p.13

本書の最初のページは，今まさにアマチュア無線が楽しいという3名のアパマン・ハムに登場いただき，アパマン・ハムになった経緯や，実績，楽しみ方などを紹介いただきました．

JH7CSU 木村 忠文 さん ▶▶▶ p.13

木村さんは学生時代にアマチュア無線の免許を取り，しばらく閉局ののち，最近再開したばかりのカムバック・ハム．開局当時にあこがれた無線機をインターネット・オークションで購入し，レストアして使う楽しみかたも発見．賃貸マンションの屋上に承諾を得て展開したアンテナを活用して，充実したハム・ライフを送っています．

▲JH7CSU 木村さんとシャック
学生時代にあこがれた「名機」をインターネット・オークションで落札し，自ら手入れして活用中．ドレークやコリンズという「往年の名機」が並ぶ

◀アンテナ環境
複数のグラスファイバ・ポールを利用して26.5mのループ・アンテナを屋上に展開（屋外設置型アンテナ・チューナを利用）．このアンテナを使って「往年の名機」で聞き比べるのがマイブームとか

▶お気に入りのKX3
往年の名機とあわせて最新のSDRテクノロジーを取り入れたELECRAFT KX3もパソコンをつないでフル活用

アパマン・ハム入門 | 1

JA3VQW　多田　浩 さん ▶▶▶p.19

　多田さんは，25年以上におよぶマンション暮らしの中で，DX（海外交信）に熱中，2013年1月の時点で交信したエンティティー数は318に至っています．アパマンでDXを楽しむノウハウと，アパマン・ハムでもパイルアップに勝負が挑めて結果も出せる「秘伝の技」も明らかに．

▲JA3VQW 多田さん
アパマン環境でDXを追いかけるのも夢ではないし，末永く楽しめる．その秘訣を披露いただきました

▲ログ・ブック
ログ・ブックを見せていただくと，何と！そこには海外局ばかり．CQ ham radio 1月号の付録のハム手帳のDXCCエンティティー・リストも活用されていた

▲お気に入りのヘッドホン
JVC KENWOOD HS-5，これは通信用のヘッドセットで，オーディオ用のものよりも了解度の点で有利だという．下にある装置はCQ ham radio 2013年2月号に掲載した自作のパッシブ型CWフィルタ

◀お気に入りの一台
八重洲無線 FT DX 5000．スプリット運用でパイルアップに勝つためには，2波同時受信機能は必須．バンドスコープでパイルアップの山の隙間が一目瞭然

アパマン・ハム入門

▼お気に入りの一台
HF～1200MHzのオールモードに対応した，アイコムの IC-9100．IPリモートコントロール・ソフトRS-BA1で，パソコンを使ったコントロールから，インターネットやLANを使った遠隔操作も可能なシステムを構築している

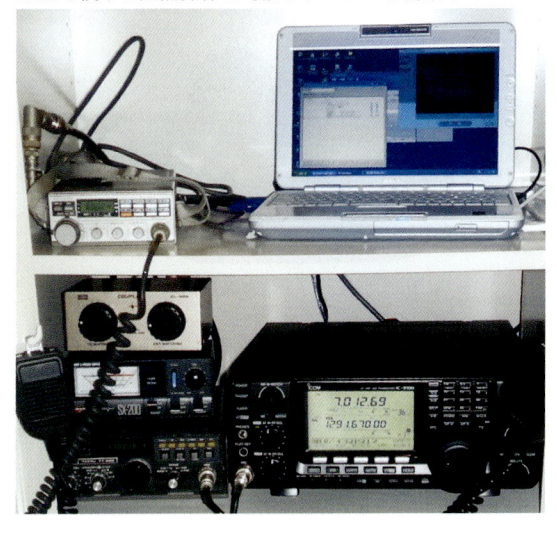

▶バルコニのようす
シンプルなアンテナを目立たないようにきれいに取り付けた

JJ3OZR　榎堀 佳文 さん ▸▸▸p.24

　榎堀さんはバルコニにアンテナを設置した典型的なアパマン・ハム．HF運用は目立たないように張ったワイヤ・アンテナと屋外設置型アンテナ・チューナと組み合わせです．V/UHF以上は3バンド対応のGPアンテナを2本利用．この三つのアンテナでHF～1200MHzまで運用できる環境を構築しています．

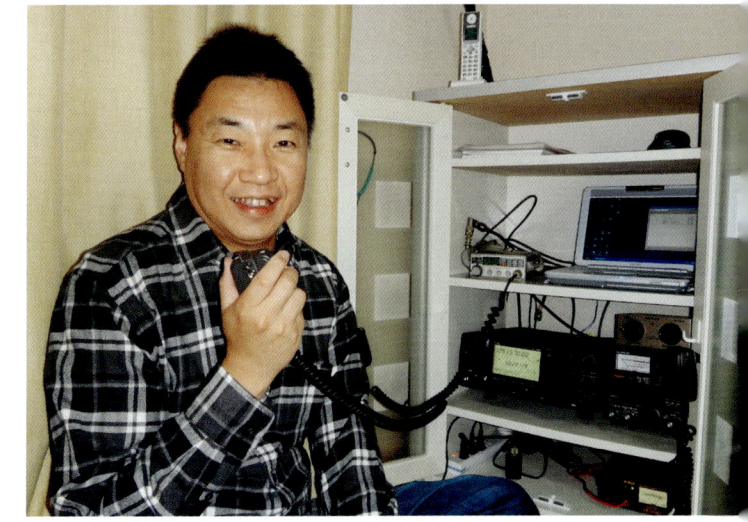

▲JJ3OZR 榎堀さん

アパマン・ハムを始めよう ▶▶▶ 第1章 p.28 から

　第1章では，これからアマチュア無線を始めようという方，久しぶりに再開しようと考えている皆さんに，アマチュア無線界の現状を紹介．HF/50MHz と V/UHF（144/430MHz）に分けて，アマチュア・バンドの特徴やようすを説明し，お勧めのトランシーバを紹介します．

アパマン・ハムの無線機選び【HF/50MHz編】▶▶▶p.33

　HFトランシーバは10万円あれば購入できるものから100万円近くの予算が必要なものまで，多数のラインナップがあります．ここでは，入門者にお求めやすく，使いやすい機種をピックアップして，お勧めの機能などを紹介します．

▲JVC ケンウッド TS-480 シリーズ

▲八重洲無線 FT-450D シリーズ

▲アイコム IC-7100 シリーズ

アパマン・ハムの無線機選び【V/UHF編】▶▶▶p.40

　V/UHF（144/430MHz）のトランシーバはわずか数万円で購入できるハンディ・トランシーバから，車載用のモービル・トランシーバまで豊富なラインナップがあります．アパマン環境ではどのようなトランシーバがよいのか，考えてみます．

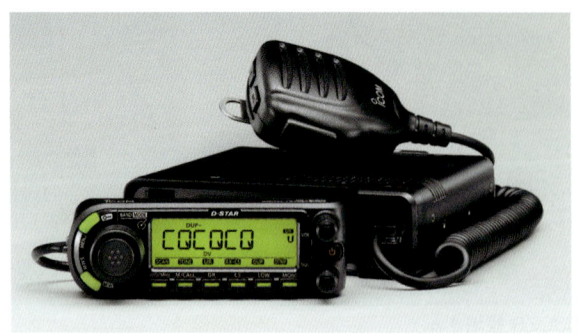

◀アイコム ID-880/D

▶八重洲無線 VX-8G

4　アパマン・ハム入門

アパマン・ハムのアンテナと施工例 ▶▶▶ 第2章 p.42から

第2章では，アパマン・ハムにとっては最も悩ましく，最も関心がある「アンテナ」について，アパマン環境でよく利用されるアンテナのパターン（設置の手段やアンテナの形状）をHF/50MHzとV/UHF（144/430MHz）に分けて紹介します．

HF/50MHz アンテナ・スタイル ▶▶▶p.42

HFのアンテナは飛びを優先すればアンテナが大きく，コンパクトになれば見栄えも飛び具合も控え目になり，どちらを優先すべきか悩むケースも多いと思います．ここでは，お勧めの設置方法を数種類ピックアップしました．

▶屋外型アンテナ・チューナ(CG-3000)を利用した釣り竿アンテナ(ロング・ワイヤ・アンテナの一種)
▶▶モータ・ドライブ・アンテナ(第一電波工業SD330)

▲モノバンド・モービル・ホイップをベランダに設置

▲ダイポール・アンテナ(ラディックス RD-Vシリーズ)

V/UHF アンテナ・スタイル ▶▶▶p.55

V/UHFのアンテナはサイズ的に設置しやすく，あまり目立たない設置方法も選べるのが特徴です．アパマン・ハムのアンテナ設置スタイルとして街中でもよく見かけるタイプをピックアップしました．

▲バルコニにモービル・ホイップを設置した例

▲アパートのベランダにGPアンテナを設置した例

チューナの活用 ▶▶▶ 第3章 p.60から

　アパマン環境では，アンテナの設置スペースが限られてしまうことが圧倒的に多く，HFでは必然的に短縮率が高いアンテナ（＝短かめのアンテナ）を使うことになります．短縮率が高いアンテナは送信できる周波数の幅が狭いので，そんなときはチューナ（アンテナ・チューナ）を使えば，事実上，送信可能な周波数の範囲を広げることができます．これは無線機に内蔵されている場合もあるように，無線機のそばで使うタイプのアンテナ・チューナです．

　一方で，ロング・ワイヤ・アンテナなどのアンテナ直下（給電部）に付ける屋外設置型アンテナ・チューナ（略称"ATU"）もあります．

　第3章ではこのようなチューナについて原理から活用例まで徹底解説．チューナと上手に付き合ってアマチュア無線の楽しみの幅を広げようではありませんか．

短縮型アンテナとの組み合わせに最適なタイプ

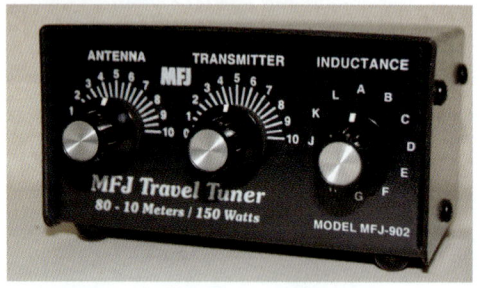

▲トランシーバの隣に置くタイプ
（MFJ，MFJ-902）

▲トランシーバの隣に置くタイプ
（コメット CAT-10）

▲アンテナ・チューナの内部のようす
（MFJ，MFJ-902）

給電部に設置するタイプ

▲屋外設置型アンテナ・チューナの例
（東京ハイパワー HC-200ATF）

▶屋外設置型アンテナ・チューナの内部のようす

電波障害の予防と対策 ▶▶▶ 第4章 p.84から

　テレビのデジタル化，インターネットの一般家庭への普及，住宅設備の高機能化などにともない，電波障害を受ける機器や原因となる周波数が多様化しています．
　一方で，私たちアマチュア無線局が電波障害を受けるケースもあります．例えば，インターネットのネットワーク機器，太陽光発電装置のインバータ回路からのノイズ…，今後も増えていくかもしれません．この章では，アパマン・ハムの立場から，電波障害の予防，対策，解決のプロセスを考えていきます．

電波障害の症状の例

▲電波障害を受けた地上デジタル・テレビの画面

▲パソコンのスピーカへの回り込み，インターネット回線のスピードが遅くなるケースもある

無線設備側の対策

▲トランシーバの電源ラインと同軸ケーブルにコモン・モード・フィルタを装着

◀アンテナ直下にもパッチン・コアを装着

一般機器側の予防と対策

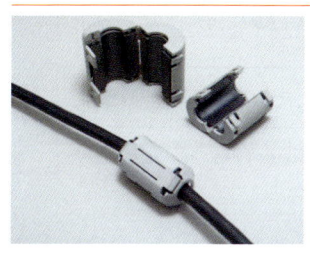

◀パッチン・コアを対象となる機器につながるケーブル類に付加する対策方法もある

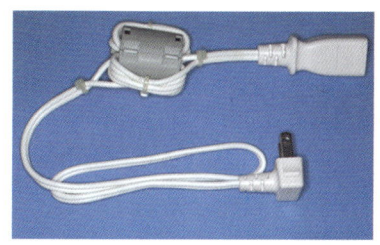

◀パッチン・コアを使ったACライン用コモン・モード・フィルタを製作してみた．材料と事務用カッターがあれば簡単に自作できる

アパマン・ハム入門

アンテナ設置の許可 ▶▶▶ 第5章 p.108から

アパマンは共同住宅．一つの建物を複数の人たちで共用していて，アンテナなどの私物を設置できる場所は限られています．中にはアマチュア無線のアンテナを禁止している分譲マンションもあります．

本書では賃貸アパート・マンションと分譲マンションのそれぞれについて，バルコニにアンテナを設置するときに必要となりがちな，許可（承諾）を得る方法を考えるとともに，原則として自由に使う事ができない屋上などの共用部（共有部）へのアンテナ設置許認可の方法も考えてみます．今は賃貸に住んでいて，いずれはマンションを購入しようと考えているアマチュア無線家の方も必見のコンテンツです．

アンテナ設置と承諾の要否

▲バルコニに設置したアンテナ
アンテナ設置の承諾はもらうべきなのか，もらう場合はどのように行動すべきか，考えてみた

▶マンションの屋上に設置した多バンドGP．屋上タワーは無理でも，軽量なワイヤ・アンテナや小型GPアンテナならば屋上への設置も夢ではない？

安全と安心のために

▶万が一アンテナが落下して他人の身体や財物に損害を与えたときは，賠償責任を負う．アパマン・ハムなら賠償保険にも必ず加入したい

◀施工中の事故防止はもちろん，マンションの共用部にアンテナを設置する際は，腕に自信があっても，必ず専門業者に依頼したい

日本アマチュア無線連盟
アンテナ第三者賠償責任保険
加入者証

この度は，日本アマチュア無線連盟の団体保険にご加入いただきましてありがとうございました．ご加入の控えとして，この加入者証を発行いたしますので，保険期間終了までお手元に保管ください．

保険期間	2012年1月1日 午後4時 〜 2013年1月1日 午後4時
てん補限度額	対人： 1名1億円／1事故2億円 対物： 期間中4,000万円
免責金額	1,000円
コールサイン	
基数	2基

本保険の被保険者の範囲は，日本アマチュア無線連盟の会員の方です．
万が一該当しない場合は取扱代理店まで至急ご連絡ください．

8　アパマン・ハム入門

アマチュア無線運用シリーズ

アパマン・ハム入門

アパートやマンションでアマチュア無線を楽しむ

CQ ham radio編集部[編]

CQ出版社

はじめに

　本書は，アパートやマンションなどの集合住宅に住む方が，自宅でアマチュア無線を楽しむためのバイブルとなるようにまとめた入門書です．

　タイトルの「アパマン・ハム」とは，アパートや賃貸マンション，分譲マンションと呼ばれる集合住宅（＝アパマン）でアマチュア無線（＝ハム）を楽しむ人たちの愛称です．アパートとは，木造や鉄骨で作られた賃貸の集合住宅，マンションとは，鉄筋コンクリート造（鉄骨鉄筋コンクリート造も含む）の集合住宅を指します．

　このような環境下では，アンテナを設置するスペースはバルコニ（ベランダ）に限られがちで，アンテナも小型のものに限定されます．屋上などの共用部は原則として使用できません．分譲マンションなどでは，バルコニにちょっとしたアンテナを付けることさえ，管理組合に許可が必要な場合もあります．集合住宅ゆえに，同じ建物に住んでいるほかの方との人間関係も大切です．一方で，見晴らしの良さや，すぐに手が届く場所にアンテナを設置できるなど，アパマン環境ならではのメリットもあります．

　アパマン住まいでもアマチュア無線を楽しみたい，そんな声が届いてか，アパマン・ハムを意識したアンテナも複数のアンテナ・メーカーから発売されていたり，インターネットのWebサイトや雑誌などでも，さまざまなアイデアやノウハウが公開されていて，多くのハムがアパマン環境で楽しまれていることがわかります．本書はそれらノウハウのエッセンスです．本書を参考に，充実したアパマン・ハム・ライフを実現しませんか？

2013年3月　CQ ham radio 編集部

もくじ

本書の見どころダイジェスト ･･ 1

はじめに ･･･ 10
目次 ･･ 12

私のアパマン・ハム・ライフ ･･･ 13
その① アパマン・ハムでもここまでできる！　JH7CSU　木村 忠文 ････････････････････････ 13
その② アパマン・ハムでも十分にDXを楽しめる！　JA3VQW　多田 浩 ･･････････････････････ 19
その③ アマチュア無線の進化を実感　JJ3OZR　榎堀 佳文 ･････････････････････････････････ 24

第1章 アパマン・ハムを始めよう ･･･ 28
1-1　アパマン・ハムと現代のアマチュア無線事情 ･･ 28
1-2　HF運用の勧め ･･ 31
1-3　アパマン・ハムの無線機選び【HF/50MHz編】 ･････････････････････････････････････ 33
1-4　V/UHFで気軽に楽しむ ･･･ 36
1-5　アパマン・ハムの無線機選び【V/UHF編】 ･･ 40

第2章 アパマン・ハムのアンテナと施工例 ･････････････････････････････････ 42
2-1　HF/50MHz アンテナ・スタイル ･･ 42
2-2　HF/50MHzの高周波グラウンドの話 ･･･ 45
2-3　HF/50MHzアンテナ施工例 ･･･ 46
2-4　V/UHFアンテナ・スタイル ･･ 55
2-5　V/UHFアンテナ施工例 ･･ 56
2-6　施工上のポイント【共通事項】 ･･ 58

もくじ

第3章 チューナの活用 60
- 3-1 チューナは積極的に使おう 60
- 3-2 *SWR*が高いと，なぜ困る？ 61
- 3-3 チューナの分類 65
- 3-4 屋外設置型ATUの使い方 73

第4章 電波障害の予防と対策 84
- 4-1 電波障害とは何か 84
- 4-2 電波障害の具体例 89
- 4-3 電波障害の予防対策 96
- 4-4 電波障害が発生した場合の対策 100
- 4-5 アマチュア無線側が影響を受けた場合 104

第5章 アンテナ設置の許可 108
- 5-1 分譲マンションへのアンテナ設置 108
- 5-2 賃貸アパマンへのアンテナ設置 111
- 5-3 安全と安心のために 113

索引 115
著者紹介 119

私のアパマン・ハム・ライフ その①

20年ぶりにカムバックした アパマン・ハムからのメッセージ

アパマン・ハムでも ここまでできる！

JH7CSU　木村 忠文　Tadafumi Kimura

カムバックのきっかけ

「アマチュア無線を楽しみたいけれど，マンション暮らしでは思うようなアンテナも上げられないし……」

この本を読んでいる皆さんは，きっとこんな悩みを持っているのではないでしょうか？　私もそういう理由で，20年以上ハムから遠ざかっていました．

中学生のときに電話級と電信級，高校で第2級アマチュア無線技士の資格を取得した私は，当時コンディションの悪い中で自作のHB9CVで100カントリー（現，エンティティー）以上とQSOし，高校生ながらJD1（小笠原諸島）へのDXペディションも行いました．東京の大学に来てからは，UHFでパケット通信を楽しみました．CWを打っていれば幸せで，まさに，アマチュア無線が青春でした．

しかし，結婚して引っ越し，子どもができ，無線からどんどん遠ざかってしまいました．「いつかは山の上にタワーを上げてDX戦線に復帰したい！」そんな夢も情熱も，だんだんとしぼんできてしまいました．

そんな一年ほど前のクリスマス，子どもと一緒にプレゼントのゲルマニウム・ラジオのキットをいじっていたときのことです．プラスチックのコップに挟まれたアルミ箔のバリコンでひじょうに微妙なチューニングを行っているうちに，「ちゃんとしたVFOでチューニングしたい」という情熱がふつふつと蘇ってきたのです．

短波ラジオを購入したものの満足できず，ついにオークションで古いトランシーバを入手してしまいました．こうなると送信もしたくなるわけですが，マンションの管理組合への許可の敷居も高そうで，アンテナの設置はあきらめていました．

大家さんとの交渉

実は，私は仕事のために別のマンションを借りています．大家さんとは仲も良く，何かと便宜を図ってもらえました．そこで，窓からフェンスに目立たないワイヤ・アンテナを張って受信を開始しました．久々に聞く7MHzはにぎやかでしたが，DXは聴こえてきません．このマンションの屋上にアンテナを設置できれば……．

そこで，ダメでモトモトとの思いで大家さんに「アマチュア無線のアンテナを屋上に設置したい

アパマン・ハム入門 | 13

写真1 屋上に取り付けたアンテナ．グラスファイバ・ポールが2本見える

写真2 フェンスの柱に共付けする形で取り付けたグラスファイバ・ポール．別の角度からみたところ

のですが」と切り出してみたところ，細かいことは何も聞かれずにあっさりとOKが出ました．思えば，家賃の滞納もなく，挨拶や世間話をする，何か問題があればスグに対処する，といった積み重ねで，大家さんとの信頼関係が築けていたことが大きかったのだと思います．

アンテナの構想—ATUは便利だけど……

思いがけず，ハムを再開できるメドが立ちましたが，どんなアンテナにしたものか，悩むことになりました．大家さんの信頼を得ているので，変なことはできません．屋上は普段は施錠されていますが，たまに開放されることがあるので，ルーフ・タワーにビーム・アンテナというわけにもいきません．隅の方にポールを立てて，ワイヤ・アンテナがよいところです．できれば一つのアンテナでたくさんのバンドに出られるようにしたいと思いました．

こんなときには屋外設置型オートマチック・アンテナ・チューナ（ATU）です．ロング・ワイヤにつなぐだけでマルチバンドに出られるという夢のようなモノ．そう思っていました．しかし，調べてみると，エレメントの長さをある程度意識したり，アースやカウンターポイズの調整などが必要そうです．そこで，インターネットでいろいろ調べてみると，ループ・アンテナで全長26.5mなら無調整でノイズも少ないという情報を得ました．

ループ・アンテナと言っても，デルタ・ループのようなものではなく，グラスファイバ・ポール一本を頂点として，ワイヤを二等辺三角形になるようテグスでひっぱる方法を考えました．ポールは強度を重視してSpiderBeam製，12mグラスファイバ・ポールを輸入しましたが，太く重く長すぎたので上の数段を外し，屋上のフェンスの柱に共付けしました（**写真1**〜**写真3**）．

同軸ケーブルは約30mの長さが必要だったので，5D-FB 15mを2本つないで，アンテナ側，中間，トランシーバ側にコモン・モード・フィルタを取り付けました．ATUの電源にも3か所にパッチン・コアを使いました．コモン・モード・フィルタはインターネット・オークション（以下，オークション）で入手したFT-240-43#のトロイダル・コア（**写真4**）に，同軸ケーブルをそのままW1JR巻きしましたが（**写真5**），その後，ローバンドにも出られるように2段に増設しました．もちろんLPFもつけています．インターフェアで近隣の方々に迷惑をかけてしまうと，「やっぱり無線は禁止！」ということになりかねないので，このあたりは慎重に行いました．あわせて，電源やコントロール・ケーブル類にもコモン・モード・フィルタを徹底的に入れました（**写真6**〜p.16の**写真10**）．

写真3 さまざまなグラスファイバ・ポールを用意して試してみた

写真4 インターネット・オークションで購入したフェライト・バーとトロイダル・コア

写真5 「W1JR巻き」で処理した同軸ケーブル

写真6 リグから出ているケーブル類のコモン・モード対策

　これで完璧と思いましたが，実際にはチューニングが取りづらいバンドであれこれしているうちにATUが壊れてしまい，修理に出しました．エレメントは長すぎても上のバンドの利得が落ちるばかりなので，複数のエレメントを使ったり，ループ・アンテナの場合にはバランを使うなどノウハウが必要なようです．やはり，上げっぱなしというわけにはいきません．今もときどき大家さんに鍵を借りては，屋上に登っています．遠くの風景を眺めながらの作業は，「これもまた楽し」です．

レストアに没頭，1アマも取得

　当初はゼネカバ受信機能付きのトランシーバ（リグ）のアイコムIC-760をオークションで入手しました．CWでしばらく運用してみたところ，WACもできました．パイルアップにはなかなか勝てませんが，アンテナの地上高があるせいか結構飛ぶようです．感覚的には約30年前にHB9CVで100W運用を行っていたときと比べると，ちょっと弱いかなと思う程度です．送信はこんなもの

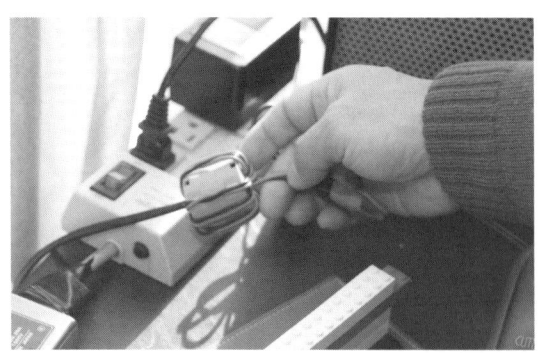

写真7 DCケーブルのコモン・モード対策

写真9 ACアダプタも徹底したコモン・モード対策

写真8 ネットワーク機器類の電源ラインにもコモン・モード対策を行った

写真10 ACラインのコモン・モード対策はテーブル・タップ至近で行った

でしょう．

　しかし，受信はもう少し良くしたいと思いました．新しいリグのカタログをもらってきてヨダレを垂らしながら見ていましたが，予算が追いつきません．そこでまたオークションをのぞいてみたところ，昔の憧れだったリグが驚くべき安い価格で取り引きされているではありませんか．

　こうして，古いリグの機能や相場をWebサイトで検索しては，関連記事を読むようになりました．これがまたとてもおもしろいのです．そして，ついに憧れのDrake R-4Cを激安価格で入手してしまったのです．しかし，届いたものは不動品．しかたがないので，Webサイトで故障の原因を調べたり，秋葉原やオークションでパーツを探したり，さらにはグレードアップするキットをアメリカから輸入して改造したり，どんどん深みにはまっていきました．

　これと同時に，自分には電子回路についての基本的な知識が不足していることに気がつきました．他人の書いた記事通りに改造するだけではなく，自分で判断できるようにならないといけません．そんなときにピッタリだったのが，第1級アマチュア無線技士（1アマ）を受験する人のための解説サイトでした．実は，今から無線を再開するならば，1アマも受験しようと思っていたのです．解説や問題を読んでいるうちに，疑問が晴れてきて嬉しくなりました．おかげさまで1アマにも合格しました．

　以前は自作派ではなかったのですが，今ではときどき古いリグを落札し，レストアや機能アップ，さらには受信くらべを行って楽しんでいます（**写真11**）．交信やアンテナいじりとはまた違った楽

私のアパマン・ハム・ライフ

写真11 インターネット・オークションで落札した古いリグとElecraft KX3（写真左下）．受信能力の比較がとても楽しい

しみがあります．これはアパマン・ハムでも最高に楽しめる部分だと思います．

最新のリグとPC/iPadなどとの連携

アマチュア無線の世界では「浦島太郎」の私が驚いたことの一つが，パソコンとの連携でした．知らないうちに，パソコンはハムにも不可欠な分野になっていました．しかし，あまりにもいろいろなものがあって，パソコンのソフトウェア開発が仕事の私でも，スグには全容がわかりませんでした（p.18の**写真12**）．

しかし，これは面白そうな分野だと思い，少しずつ手を出していきました．まずは，パソコンとリグをつないでログに自動的に周波数やモードが入るところから始めて，パソコンからリグをリモートで制御したり，CWやRTTYもできるように

してみました．しかし，この過程で，アイコムIC-760はこのような用途で使うには，あまりに古いものだったことに気づきました．

そこで入手したのが，Elecraft KX3（p.18の**写真13**）です．受信部どころか送信部までSDRのこのリグは，あらゆることがUSBケーブルでつないだパソコンから制御できます（p.18の**写真14**）．ソフトウェアさえ用意すれば，接続したパソコンやiPadでバンドスコープを表示し，クリックした周波数へ瞬時に移動することもできます．ハム用のおもしろいソフトウェアを探して，いろいろ試してみるのも楽しいものです．自分でも何か作りたくなってきましたが，今はレストアのほうが忙しく，手を出すのはもう少し後になりそうです．

KX3のもう一つの楽しみはQRPです．たった5Wでも，国内だけでなく海外とも交信できます．

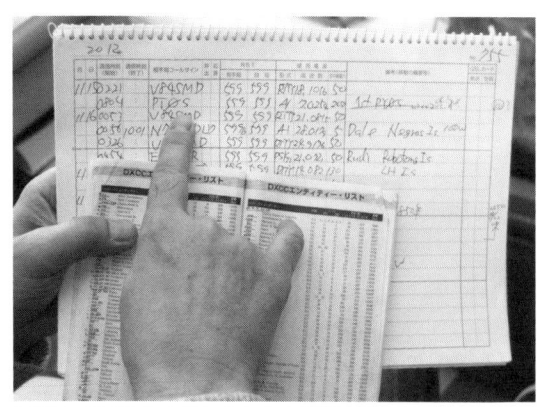

写真8 PT0Sと交信したときの記録
オペレーターの癖を読み取り，絶妙のタイミングで勝負．
7MHz CW，200W出力で勝負に出て無事に交信できた

写真9 トランシーバの遠隔操作システムも構築済み．パソコンを使って，家の中のどこにいてもワッチが可能．デジタルモードなら交信できるようにセットしてある．パソコンの画面に映っているのはMMTTY(RTTY)ソフトウェアとDXクラスタの情報

ョン・チームの受信能力ではS＝1であれば，確実にこちらのコールを把握しています．

　もちろん，ペディションのQRV直後にQSOできることは，アパマン・ハムではほとんどないことだろうと思います．何日も聴いて相手の癖を見抜くことも秘伝の技の一つです．

■ 先を読みパイルアップを抜く

　DXペディション局が次に受信するスポットへ先回りしてコールすることもテクニックの一つです．1交信ごとに何Hz動いているのか，周波数を数回の交信ごとに変えているのか．コールバックがある局が分布している周波数の範囲はどのくらいか．上端まで行ったらその次は降りてくるのか，下端からスイープを再開するのか．それらをつかむとQSOできる確率はぐっと上がります．そのためにも2波同時受信機能は必須です．パイルアップの山の中の信号を，可能な限り分解して聴き取る能力＝マシンと人間両方の能力が必要です．

■ DXの神様は判官びいき

　ときどき，エリア指定でもないのに，自局と同じエリアの局ばかりに続いてコールバックがあったりします．局所的にDX局との伝搬が良くなっているわけです．こういう場合には，直前の局と同じ周波数でコールすることも有効です．

　ペディション局の信号が途絶えるときがあります．あまりにパイルアップが大きくなりすぎたという場合もありますが，オペレーターが瞬間的な休憩をしていることもあります．その後には，ピックアップされる周波数が大きく変化している可能性があります．

　筆者の経験では，下のほうへ周波数を広げるオペレーターが多いと思います．2012年11月のPT0Sと交信できたときもこのような感じでした（**写真8**）．

■ マルチバンド，マルチモードで

　レアなエンティティーからデジタルモード中心でQRVしてくるというケースも増えてきました．2011年末からのVK0THはほとんどSSBには出ませんでした．デジタルモードのほうがSSBやCWに比べて格段にパイルアップは小さく，アパマンでも交信できるチャンスが増えます．デジタルモードにすぐQRVできるような環境も大切です（**写真9**）．

　また，大きなDXペディションで複数のバンドから同時にQRVしている場合などでは，交信できそうなバンドを選ぶためにも，アンテナをマル

チバンド対応にしておく必要があります．そのためにもATUは必須でしょう．

ATUにはアースやカウンターポイズが必要です．古いマンションではベランダの手すりが建物筐体の鉄筋と接続されていることがあり，その場合には良好なアースを取ることができると思います．

■ CWの送信はフル・ブレークインで

CWのQSOではフル・ブレークインが圧倒的に有利です．ひと昔前のトランシーバだと送受信の切り替えを行うリレーがやかましかったのですが，最近のトランシーバは本当に静かです．

自局の長短点の間にヘッドホンやスピーカから受信音が聞こえるのは，最初のうちはとまどいますが，慣れるとひじょうに便利です．DXペディション局が本当に自局に対して交信しているのか，あるいはほかの局を呼んでいるのにこちらが間違って応答したのかもすぐに判断ができます．

■ アマチュア無線は一生の趣味

仕事よりも無線のほうが人生には長い付き合いになることもあります．仕事の余暇に無線をするというのが普通ですが，その余暇を多く生み出すために，仕事を効率的にこなすということもアリです．「今日の夕方からは未交信のエンティティーからQRVがあるので，仕事を素早くこなして定時に帰宅しよう」というやり方もいいのではないでしょうか．

アパマン・ハムとしての心がけ

筆者が長年アパマン・ハムとして楽しんでこられたのも，これらのノウハウのおかげ，というものをピックアップします．

■ アンテナ保険には絶対に入る

高層住宅の場合，ベランダや屋上からの物の落下は，それがボルト1本でもたいへんな衝撃を与えます．落ちないこと，落とさないことが第一ですが，万が一を用心してJARLのアンテナ保険（賠償責任保険）には入っておくべきです．管理組合などと協議する際，これらの保険に入っていることを伝えると，同じマンションに住むほかの住人たちも安心します．

■「無線が趣味」という以外は普通の住人

世間一般の人からすれば無線というのは不思議な趣味です．ときにはけったいな（妙な）印象を持たれるかもしれません．無線以外のことに関しては善良な住人として管理組合や自治会の活動に参加することが大切です．もちろん毎日の挨拶は社会人としても当然のことで，日常の地道な行動の積み重ねが，アンテナの屋上設置やグレードアップのスムーズな許可（承諾）につながると思います．

何もしないで「屋上にアンテナ建てさせろ」は通用しません．「この人の言うことなら少しは耳を貸してもいいだろう」と自然に思ってもらえるような日常生活が大切です．

■ 電波障害とノイズには「ちくわ」が効果的

アパマン・ハムの場合，特にベランダにアンテナを設置している場合には，自局の送信波がシャックにも入ってきます．マイク，電鍵，電源などトランシーバから出る配線には，すべて電波障害防止のためにパッチン・コア（筆者はこれを「ちくわ」と呼んでいる）を挿入する必要があります．電源ラインからのノイズ対策としても有効とも言われています．

インターネット回線も侮れません．無線LANが一般的になったとは言っても，LANケーブルがシャックの近くまで延びてきていることが多いはずです．そのケーブルやスイッチング・ハブの電源ラインにも「ちくわ」を挿入することをお勧めします．LANケーブルからもかなりのノイズが出ています．

＊　＊　＊

いかがでしょうか．ぜひ皆さんもいっしょにDXを楽しみましょう！ CU in the Pile-Up!

私のアパマン・ハム・ライフ その③

インターネットとの融合がおもしろい！
アマチュア無線の進化を実感

JJ3OZR　榎堀 佳文　Yoshifumi Enokibori

　今から約30年ほど前に，電話級アマチュア無線技士の資格を取得し開局しました．その後，会社勤めをするころからアパマン生活が始まり，やがて仕事の都合で宿泊を伴う出張が増え，留守宅にアンテナを上げておくことも難しくなりました．そして，転職や転勤などもあり，やむなく平成8年ごろアマチュア無線をやめてしまいました．

　約16年のブランクの後に再開局に至ったのは，ある日，書店で電子申請を取り上げた別冊付録が付いたCQ ham radio誌を見つけ，「今は電子申請で手続きできるのかぁ，いつか再開局するかなぁ〜」などと思いながら買ったのが再開局のきっかけです．

　その後，2011年3月11日に発生した東北地方太平洋沖地震（東日本大震災）でアマチュア無線が活躍したことを知り，再び興味をもち，最近のアマチュア無線の進歩に魅かれながら再開局を考えだしました．

　パソコン用品を求めに大阪の日本橋を散策するときなど，いつのまにかハム・ショップへも顔を出すようになっていました．そして当時 CQ ham radio誌に連載されていた，「カムバック・ハム大作戦」を見てモチベーションが上がり，再開局を決意しました．

　ハム・ショップで第3級アマチュア無線技士の講習会を勧めてもらい，受けたことも後押しになったと思います．

■ **インターネットでの情報収集が役に立った**

　再開局しようとアマチュア無線に関する情報を収集したのはおもにインターネットで，今流行りのfacebookで得られる情報も参考にしました．

　特にfacebookにあるCQ ham radio グループには，多くのアマチュア無線家が実名で参加しています．再開局前でオン・エアできないころから，現役のアマチュア無線家たちと知り合えて，現状を教えてもらったり，アドバイスをいただくことができて，それがとても役立ちました．

■ **今と昔で違うこと**

　今と昔との大きな違いは，やはりインターネットとの融合が大きいと思います．カムバック（再開局）して驚いたのはWIRES（ワイヤーズ），EchoLink，D-STARレピータ網のような，通信経路の途中にインターネットを使ったシステムが実用化されていて，「遠くの局との交信＝HF」

という概念が覆っていたことです．V/UHFでもこのようなしくみを利用すれば，たとえV/UHFのモービル・トランシーバとバルコニに建てたアンテナという組み合わせでも，全国各地，世界各地の多くの局と交信できてしまうのです．

　また，GPSとの融合もビックリです．APRSというシステムでは，無線（パケット通信）で送信した自分の位置がGoogle MAP（グーグル・マップ）や地図ソフト上に現れ，自局はもちろん他局の位置や移動軌跡も見ることができます．

　そのほかでは，HFで行う画像通信（SSTV）や文字データ通信（RTTYなど）の進歩が大きいと思いました．以前は，それをどこに置くの？と家族から言われるぐらい大きなFAXやRTTYの装置，また，SSTVを楽しむにもひじょうに高価なスロー・スキャン・コンバータなどが必要でした．

　今はパソコンとRTTYやSSTV用のソフトウェアがこのような機械類の代わりを担っていて，パソコンに簡単なインターフェイスをつないで動かせば，RTTYで運用できたり，デジタル・カメラで撮った画像をSSTVで送れるようになっているのも，進歩を実感したことの一つです．

　あとは，インターネットや家庭内LANを使った無線設備の遠隔操作が便利です．離れた部屋や離れた場所から自宅のトランシーバをコントロールできるなんて，以前は考えもしなかったことです．

　逆に少し寂しいのは，50MHzのAMやFM，1200MHzが静かなことです．コールサインがこ

写真1　HF～1200MHzまでオールバンド・オールモードで運用できるアイコム IC-9100Mを中心にまとめた

写真2　パソコンがある別の部屋から，写真1のIC-9100Mを遠隔操作してオペレートできるようなシステムを組んである

のままでは足りなくなってしまうと心配された時代に比べると，アマチュア無線人口が減っているのでしょうか．もっと盛り上がってほしいです．

　この原稿を書いている今は，再開局からわずか3か月しか経過していないのですが，古いトランシーバ4台とアイコムのIC-9100Mでオン・エアし

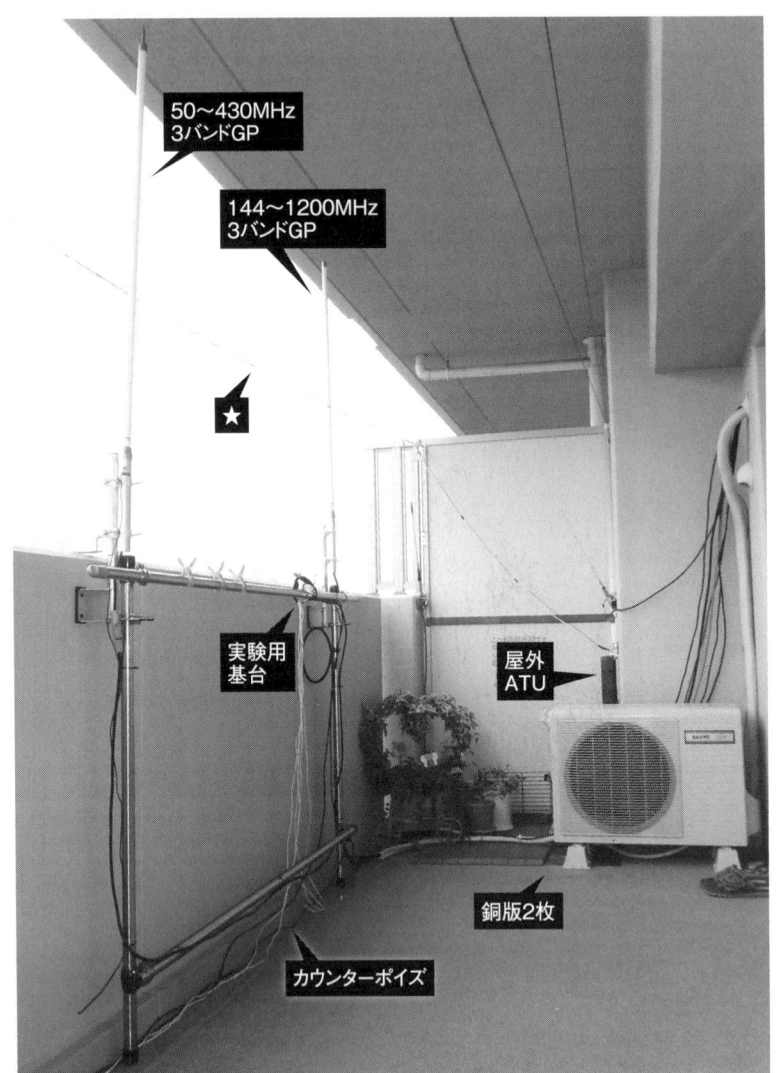

写真3 マンションのバルコニに設置したアンテナ群．突き出し禁止なので取り付けを工夫して，あまり目立たないことと，きれいな取り付けにこだわった．★印の部分はHF用のワイヤ・エレメント

写真4 バルコニの壁面にL型アングルで取り付けた東京ハイパワーのATU，HC-200ATF

ています（p.25の**写真1**）．別室からIC-9100Mを遠隔操作するしくみも導入しました（p.25の**写真2**）．たいへん便利な時代になったと実感しています．

■ アンテナ設備

アンテナは小型のアンテナを中心にバルコニに設置しています（**写真3**）．

マンションの管理規約上，上にも前にもアンテナを突き出すことはできません．バルコニの軒下に設置したアンテナで，目立たないようにアンテナを展開しています．きれいな取り付けにもこだわりました．

● HFはロング・ワイヤ・アンテナ

HFはバルコニに三つ折りで展開した長さ22mのリニア・ローディングのロング・ワイヤ・アンテナに東京ハイパワーのオートマチック・アンテナ・チューナHC-200ATF（**写真4**）をつないだ典型的なロング・ワイヤ・アンテナで，銅板2枚と電線をバルコニに敷いてアースにしています（**写真5**）．こんなアンテナでうまくいくのか？と思いますが，SWRも1.9～50MHzまできっちり下がっています．しかも，最近のオートマチック・アンテナ・チュー

写真5 バルコニーのスラブ(床)に銅板を敷いてその上に人工芝を置いた．銅板はATUのアース端子に接続

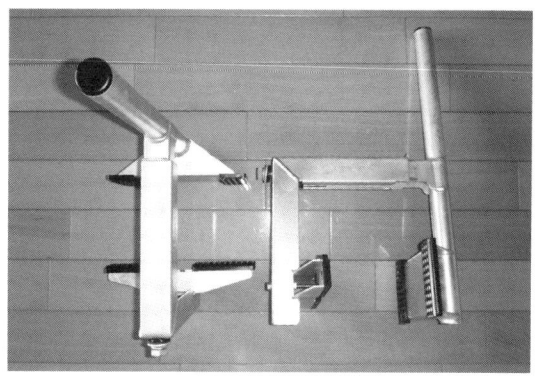

写真6 マスプロ電工のコンクリート・フェンス・ベース

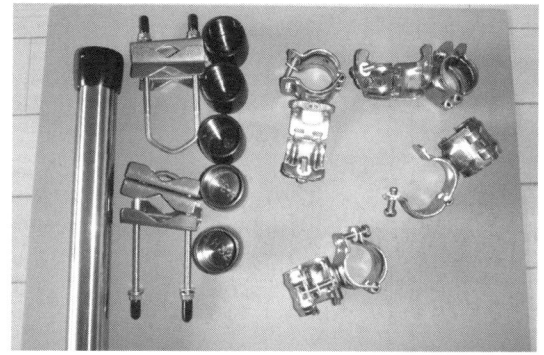

写真7 購入した金具類
ステンレス・パイプとUボルト類，単管パイプ用直行クランプを用意した

写真8 L型金具とボルト類でモービル・ホイップ用基台を取り付けて，必要に応じてモービル・ホイップでも運用できるようにした

ナのチューニングは動作がとても速くて快適です．

● **V/UHFはノンラジアルGP**

V/UHFのアンテナは，マスプロ電工のBSアンテナ取り付け金具シリーズの「コンクリート・フェンス・ベース」を2個（**写真6**）と足場金具（**写真7**）でステンレス・パイプを組んで基台とし，そこに第一電波工業のノンラジアルGPアンテナ，VX1000（50〜430MHz）とVX4000（144〜1200MHz用）を取り付けています．このアンテナは水平方向に飛び出すラジアルがないので，アパマン・ハムのバルコニーに設置するアンテナとしてもお勧めできます．

最近はこの環境の中で，自作ダイポール・アンテナやループ・アンテナ，八木アンテナやモービル・ホイップ・アンテナ（**写真8**）などを気分次第で取りつけて試しています．

カムバック後に，アンテナの自作に興味が湧いて，アパマン・ハムならではの楽しみでとも言える「限られたスペースに対応できるアンテナの製作」を楽しんでいます．

お手軽移動運用レベルの小型アンテナが中心になりますが，ちょっと手を伸ばせばそこにアンテナがあるような感じなので，気軽に付け替えて運用を楽しんでいます．

今後は画像通信やWIRES，EchoLink，D-STARなどで，アマチュア無線の幅を広げていきたいと思っています．

日々のアマチュア無線活動を，少しでもfacebookなどで共有できればと考えています．もし聞こえていましたらご指導よろしくお願いします．

第1章
アパマン・ハムを始めよう

この章では，アパートやマンション（アパマン）にお住まいの方が，自宅でアマチュア無線（ハム）を楽しむために知っておきたいアマチュア無線界の「いま」をHFとV/UHFに分けて紹介します．次に市販の無線機の傾向をまとめ，お勧めの無線機もピックアップしました．

1-1 アパマン・ハムと現代のアマチュア無線事情

カムバック・ハムとニューカマーが増えている

数年，いや数十年前にアマチュア無線の免許を取り開局したものの，仕事や生活環境の変化でアマチュア無線から遠ざかっていて，最近，時間に余裕ができたのでアマチュア無線を再開したいという方のお話をよく耳にするようになりました．また2011年3月11日の東北地方太平洋沖地震（東日本大震災）で人命救助やその後の復興活動においてアマチュア無線が活用されたことから，新たにアマチュア無線に興味を持たれた方も多いそうです．

それを証明するように，アマチュア無線局の免許局数（**図1-1**）は平成6年度の136万局をピークに減少に転じ，平成23年度末には44万局．この17年間でピーク時の3分の1以下まで減っていたとこ

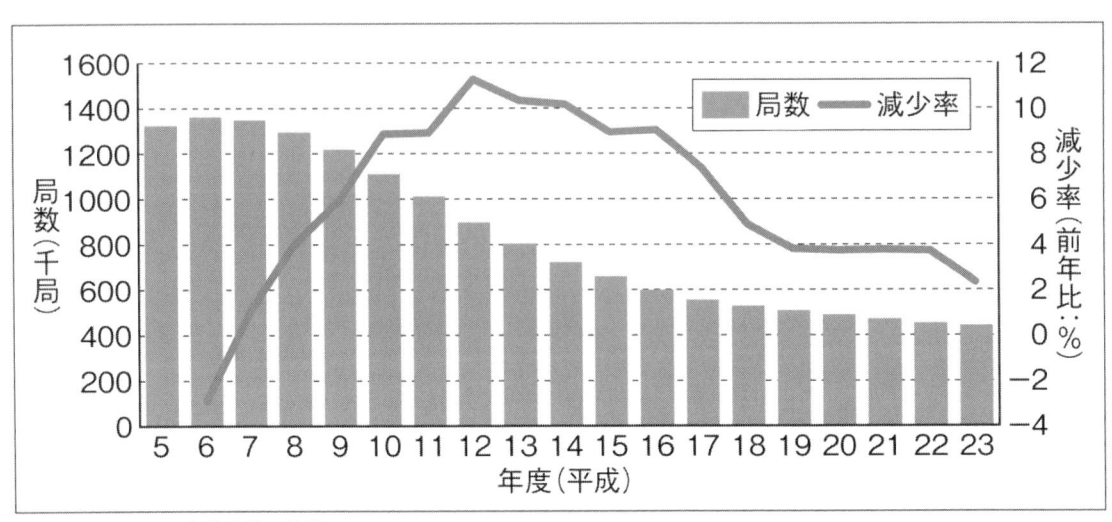

図1-1 アマチュア無線局数の推移

ろが，ここ数年で局数の減少に歯止めがかかりつつあります．

携帯電話の普及や趣味の多様化が原因といわれる一方，単なる連絡ツールとしてアマチュア無線を使う人たちが去り，純粋に趣味として楽しみたい人たちが残ったという声も聞こえてきます．

アパマンでも楽しめる！　アマチュア無線

アマチュア無線を楽しんでいる方の中には，土地付き一戸建てにタワーという環境を目標にして奮闘中の方や，すでに実現している方もいます．しかし，ライフスタイルの多様化という流れの中で，マンションの立地や利便性が気に入って，アパマン環境で落ち着かれている方も多いことでしょう．

また，アマチュア無線を再開したカムバック・ハムの方，アマチュア無線はこれからというニューカマーの方は，すでにマンションを購入されて永住を決めていたり，若い方を中心に賃貸アパマンにお住まいの方もきっとたくさんいると思われます．

しかし，アパマン環境下でもアマチュア無線運用をあきらめる必要はありません．アパマンにもメリットがあります．最上階はもちろん中層階の部屋に住んでいるなら，ロケーションもメリットの一つでしょう．一般的な一戸建ては3階建てが限度．庭にタワーを建てても高さには限界がありますし，ましてや暴風や雷も気になります．ところが，マンションなら同地域の一戸建てでは得られない高さに住むことも可能で，バルコニに固定した小型のアンテナなら天候を気にする必要もないに等しいといえます．

賃貸の部屋に住んでいるなら，状況に応じた引っ越しが持ち家よりも簡単です．見晴らしがよく，アンテナが設置できる物件を探してみるのもよいでしょう．しかも，所有者（貸主）に承諾してもらえば，その範囲内でアンテナを立てられるうえ，多くの場合，交渉の相手方は分譲マンションよりも少人数です．屋上や屋根の上の利用も決して夢物語ではありません．

アマチュア無線の資格と制度の変遷

昔，電話級アマチュア無線技士の資格を取得された方は現在は第4級アマチュア無線技士（以下，4アマ）に，電信級アマチュア無線技士の資格を取得された方は第3級アマチュア無線技士（以下，3アマ）として，何の手続きをすることなく資格の読みかえが可能です．

実はこの3アマが，以前の電信級よりご利益があるのです．電信級では電話と電信が10W出力での運用でしたが，3アマではHF，V/UHFともに50W出力で運用することができます．4アマはHF（30MHz未満）で送信出力10Wまで，V/UHFでは最大20Wまで，第2級アマチュア無線技士（以下，2アマ）の方はHFで200W，V/UHFで最大50Wまでです．メーカー製のトランシーバ（技術基準適合証明番号が書かれているもの）を使えば，簡素化された無線局免許申請手続きで無線局免許が取得できます．

第1級アマチュア無線技士（以下，1アマ）については，局の設備について検査を受け，合格することで，HFで200Wを超え1kWまでの免許を得ることが可能ですが，アパマンのように限られた運用環境においては電波防護指針という規則との兼ね合いが生じ，難易度は高いと思われます．

以上のことから，送信出力や運用バンドの面からすれば，V/UHFで運用するなら3アマ以上，HFで運用するなら2アマ以上のライセンスと対応設備があれば必要十分であると言えます．

ところで，アマチュア無線の無線従事者国家試験にも変化がありました．今はすべてのアマチュア無線の国家試験で電気通信術の実技試験が廃止されています．しかも，1日の講習で3アマの免許が取得できる，4アマの方を対象とした養成課

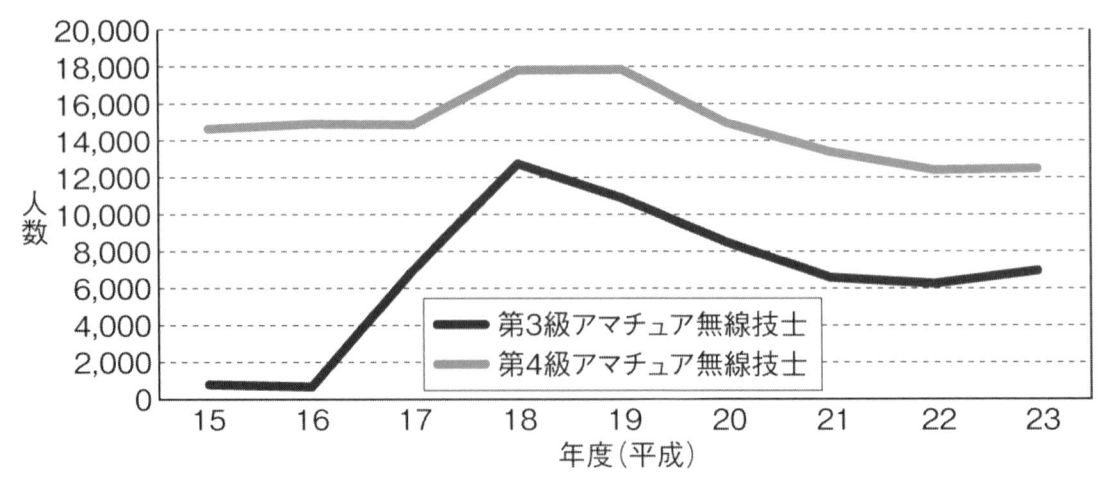

図1-2 無線従事者免許新規取得者数の推移（3アマ，4アマ）

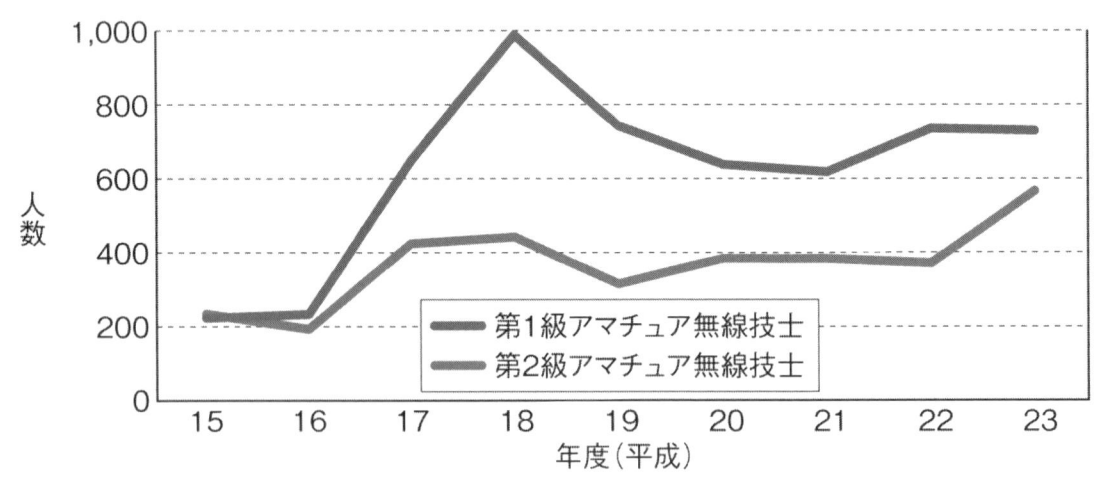

図1-3 無線従事者免許新規取得者数の推移（1アマ，2アマ）

程講習会（国家試験免除）も実施され，にぎわいを見せています．

このような変化もあり，総務省が発表した年度別の無線従事者免許新規取得者数のデータによれば，3アマの電気通信術の実技試験がなくなった平成17年から，3アマ以上の資格を取得する人が急激に増えています（**図1-2**，**図1-3**）．

モチベーション・アップも狙って，より取得しやすくなった上級資格にチャレンジしてみるのもよいかもしれません．

より簡単になった免許申請手続き

近年，各メーカーから発売されている無線機の場合，無線機ごとに付与されている技術基準適合証明番号（**写真1-1**，略称「技適番号」）を無線局免許申請書に記入することで，各地域を管轄する総合通信局（旧，電波管理局）の検査や指定機関の保証認定を受けることなく，HFで最大200Wま

第1章　アパマン・ハムを始めよう

での無線局免許申請が可能です（特殊な付加装置などがある場合を除く）．

　各メーカーのWebサイトの製品案内やカタログなどを見て「技術基準適合証明取得済み」と書いてある機種を選ぶと免許手続きが簡素化できるので，たとえアパマン環境下での免許申請も200W以下の出力までなら原則として書類手続きのみで済みます．

　現在は市販されているほぼすべての機種が技術基準適合証明を所得しています．

写真1-1　無線機の銘板に書かれた技術基準適合証明番号の例．「002KN…」という部分が技適番号

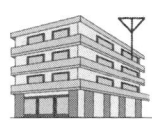

1-2　HF運用の勧め

　携帯電話や各種業務に使用する簡易無線システムと異なり，アマチュア無線にはHFバンド（短波帯）の使用が許されているのが大きな特徴です．日本全国に留まらず海外のアマチュア局ともリアルタイムに交信できます．

　日本全国や海外と交信できるような無線局には大掛かりな機器やアンテナが必要なのでは？　ましてや海外と交信となるとすごいことになるのでは？と，広い敷地に建てた鉄塔とデスクに鎮座した大きな無線機をイメージしながら，はなからあきらめている方もいるのではないでしょうか？

　ところが，今では写真1-2のような機材で日本全国そして海外とも交信が可能な無線局ができます！　こんなコンパクトな無線機でも送信出力が10W～100Wクラスのものが，各無線機メーカーより発売されています．さぁ，ちょっとだけ思い切ってコンパクトにして夢の無線設備（アマチュア無線用語では「シャック」と言う）を構築してみませんか？

　アパマン設備でもHFで50Wや100Wで電波を出せば，時間，運用バンド，コンディションにより，結構安定して日本国内の局とも交信可能ですし，海外との交信チャンスも多々あります．たとえ4アマ局の10W出力でも，楽しめるチャンスはあります．自らのハードルを少し下げてHFでいろいろな人々との交信を楽しんでみませんか？

写真1-2　コンパクトな機材で海外とも交信ができる
写真中央の無線機は八重洲無線 FT-450D．大型機を除いて直流（DC）13.8Vで動作するものがほとんど．無線機の左隣の装置は交流（AC）100Vを直流（DC）13.8Vに変換する安定化電源

HFアマチュアバンドとその特性を知ろう

　さてHFにはいろいろなバンド（周波数帯）があるけれど，いったいどのバンドがおもしろいのか？　アンテナ選びをするうえでも，どのバンドで運用するのかを選ぶかが重要課題となってきます．まずは各バンドの特性を知ることから始めてみましょう．

アパマン・ハム入門　|　31

表1-1 HFの各バンドの制限事項

バンド	必要な資格	モードの制限
135kHz	◎	CWおよび狭帯域データ通信のみ可（帯域幅100Hz以下のPSK31などに限られる）
1.8MHz	3アマ以上	CWのみ
1.9MHz	◎	CWおよび狭帯域データ通信のみ可（帯域幅100Hz以下のPSK31などに限られる）
3.5/3.8MHz	◎	3.680MHz以上はデータ通信不可
7MHz	◎	
10MHz	2アマ以上	CWおよび狭帯域データ通信のみ可
14MHz	2アマ以上	
18MHz	3アマ以上	
21MHz	◎	
24MHz	◎	
28MHz	◎	

◎……4アマ以上

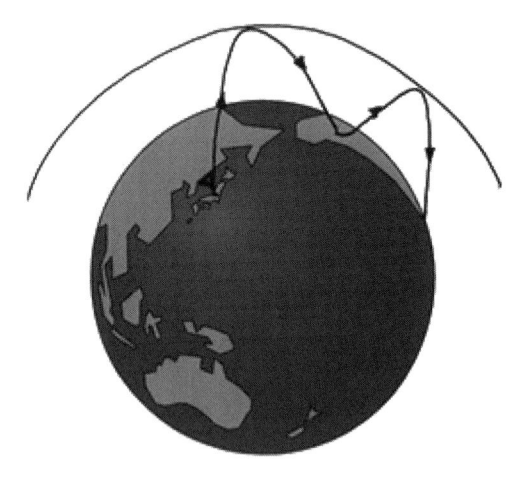

図1-4 HFでは電離層反射で遠くまで電波が届く

　表1-1はHFの各バンドによって必要な無線従事者資格とモード（電波型式）の制限をまとめたものです．

　モードの制限の項目にただし書きがない場合には電信（CW），電話（SSB），狭帯域のデータ通信（PSK31やRTTYなど），画像通信（SSTVなど）による通信を行うことができます．CWのみ3アマ以上の資格が必要ですが，データ通信や画像通信は4アマでも運用が可能です．また28MHzバンドの29.00～29.70MHzにおいてはFMモードによる電話，画像通信，広帯域のデータ通信（パケット通信など）も運用可能です．

　HF帯では電離層の反射により遠くまで電波が到達します（**図1-4**）．この特性は季節（春夏秋冬）の変化，昼間と夜間の変化，年変化（太陽活動周期にともなう太陽黒点の増減），そして周波数の違い（高い周波数，低い周波数）により異なってきます．電離層のふるまいや電波伝搬の理論についてはあえて割愛をして，**表1-2**に定性的に整理してみました．

　海外との交信では日中はミッドバンド（10～14MHz）からハイバンド（18MHz以上），夜間にはミッドバンドからローバンド（7MHz以下）が適している傾向があります．また季節的にも秋から冬はハイバンドよりもローバンドのほうが遠距離に伝搬する傾向があります．

　2地点間の電波伝搬予測を行うアマチュア無線専用のソフトウェアもインターネット上で数多く公開されています．電波伝搬についてもっと詳しく知りたい方はインターネットで「Propagation prediction」というキーワードで検索してみるとよいでしょう．

　なお，バンドごとに周波数の使用区分が総務省告示により定められています．これをわかりやすく書き起こした図が無線機の取扱説明書にも掲載されています．この使用区分は，アマチュア無線に使える周波数が増える（減る）ときなどに内容が変更されることが多いので，注意が必要です．

　また，HFには海外局がよく出没するいう周波数や，DXペディション局がよく出没する周波数などもあるので，バンド全体の雰囲気をつかみ，どの周波数がどのように使われているのかを把握することも重要です．

第1章　アパマン・ハムを始めよう

表1-2　バンド別の伝搬傾向と運用状況

バンド	伝搬の傾向	運用状況
1.8/1.9MHz	昼間は100km程度の近距離中心だが夜間になると1,000km程度の国内との交信が可能．海外との交信は日本が日の出，日の入りもしくは夜間でかつ相手国が日の入り，日の出の時間とが重なるタイミング（グレーゾーン）で交信できることが多い	1.8MHzは海外との交信に，1.9MHzは国内交信に使われることが多い．どうしても形状の大きなアンテナが必要なのでアパマン環境では不利
3.5/3.8MHz	日中は比較的近距離の国内，夕方から夜間・早朝にかけて，国内全般に伝搬する．冬場の夜間は海外との交信も可能になることがある．3.680〜3.805MHzはPSK31／RTTYなどのデジタルモードは運用不可	国内では比較的年配の方が多く交信していてゆっくりとした会話を楽しんでいる
7MHz	季節を問わず日中から夜間まで安定して国内との交信が可能．ただし交信できる地域が時間と共に変化していく．昼間は数百km範囲（例：関東と関西，関東と東北など）の伝搬は良好だが，夜間は国内遠距離，東南アジア方面の伝搬が良くなる	固定局のほか，モービルなどの移動局も多く，アパマン・ハムでも楽しめる国内交信のメインバンド．アパマン・ハムでも冬場にはCWによる海外との交信も可能．つねにバンドがにぎわっている
10MHz	日中は国内の1,000km程度の伝搬が良好．海外とは日の出や早朝の時間帯がねらい目	海外局は14/21MHzに比べて少ないので，どうしても国内中心になりがち．休日の昼間は国内局がCWで多く出ているがRSTレポートとJCC/JCG（市郡番号）の交換だけのあっさりした内容の交信が多い
14MHz	国内の中遠距離および海外全域との伝搬が良好．1日の中で時間帯によって，ほぼどこかの地域がひらいている．特に夏場の夜間には世界各地と交信が楽しめる	海外交信のメイン・ストリート．運用する局数も多くCW/SSB以外にもPSK31などのデータ通信も盛ん．PSK31であれば10Wほどの出力でも海外交信が可能
18MHz	午前中に国内の遠距離と北米が同時にひらいていたりなど，おもしろい伝搬をする．春・秋の夕刻にはヨーロッパとの伝搬も	国内ではのんびりとした会話が楽しめるバンド．また14MHzや21MHzに比べると競争相手も少なく海外交信もラク
21MHz	午前中は国内の遠距離が中心．したがって国内はスキップし，海外も近場に伝搬するという傾向がある．時折，早朝に北米やカリブ海方面がひらいたり，夕方にはヨーロッパ方面がひらいたりする	海外交信の入門バンドとして最適．アンテナも比較的小型なものでも良い働きをしてくれるバンド
24MHz	昼間は1,000km以上の伝搬が中心．したがって国内はスキップし，海外も近場に伝搬という傾向がある．時折，早朝に北米やカリブ海方面がひらいたり，夕方にはヨーロッパ方面がひらいたりする	伝搬特性からか，国内局同士の交信は比較的少ない．バンドも広くすいているので，のんびりCQを出していると思いがけず応答があるかも
28MHz	日ごろは国内近距離の伝搬が中心だが，春や秋には局所的に電離層（E層）が発生し遠距離の通信が可能となる．だいたい1〜3時間程度の短い時間継続．また11年周期（サイクル）の太陽活動の変化により，伝搬が活発になる	Eスポ（局所的なE層の発生）次第で国内遠距離が急ににぎやかになる．またヨーロッパ方面も良好な伝搬をしてくれるが，静かなときとの差が激しいので，このバンド専門では忍耐力を要する

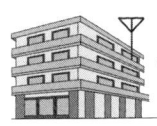

1-3　アパマン・ハムの無線機選び【HF/50MHz編】

　HF用の無線機を選ぶ際のポイントについて少し触れたいと思います．趣味趣向，つまり好みは別としてアパマン・ハムの無線機選びの大きなポイントは次の四つではないでしょうか．

(1) 最大送信出力
(2) 対応する周波数・電波型式
(3) アンテナ・チューナ内蔵の有無
(4) 価格

　まず最大送信出力ですが，HFに対応している比較的コンパクトな無線機は10W，50W，100W対応の三つのモデルが用意されています（大型固定機の場合には200Wモデルも用意されているものがある）．例えば八重洲無線 FT-450Dシリーズ（**写真1-2**）の場合，HF〜50MHzに対応し，FT-

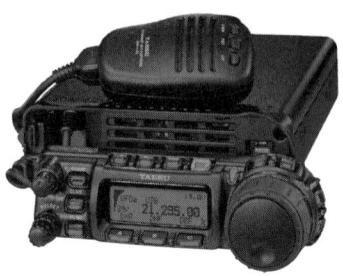

写真1-3 八重洲FT-857Dシリーズ
これ1台でHF/50/144/430MHz CW/SSB/AM/FMに対応．コンパクトで本体とコントローラ部分をセパレートにできる．モービル運用はもちろん固定局用無線機としても活用できる1台

写真1-5 HF/50MHzに特化した無線機では，DSPフィルタが充実している機種が多い．FT-450Dでは周波数の左部分に各種DSPフィルタの設定状況が表示される

写真1-6 アイコムIC-7200シリーズ
HF/50MHz CW/SSB/AMに対応．FMモードには対応していないが，お求めやすさと個性的なフロントパネル・デザインが印象的

写真1-4 アイコムIC-7100シリーズ
HF/50/144/430MHz CW/SSB/AM/FM/D-STAR（デジタル音声モード）に対応．業界初のタッチパネルを採用し使いやすさを追求

450DSがHF10W（50MHzのみ20W），FT-450DMが50W，FT-450Dが100Wです．4アマの方は10Wモデルを．3アマなら50Wモデルを，2アマ以上の資格をお持ちなら通常は50Wまたは100Wモデルを選択します．ただし2アマ以上の資格を持っていても，移動局として免許されるには50Wタイプを用意する必要があるので，運用のスタイルに合わせて選択します．

次に気になるのが対応する周波数（バンド）です．車にも付けられるように設計されたコンパクトな無線機（モービル機）でも，1台でHF～430MHzのすべてのアマチュア・バンドに対応しているものもあります（**写真1-3**，**写真1-4**）．

一方，HF～50MHzあるいはHFのみに対応する無線機も，複数のメーカーから発売されていま

す．では1台でHF～430MHzまで対応している無線機のほうが価格も高いかというと一概にはそうとも言えず，案外そちらのほうの機種が安いという場合もあります．それならば，HF～430MHzに対応した無線機のほうがお得なように思えますが，必ずしもそうではありません．

ポイントはどこにこだわって選ぶのかです．例えばHF/50MHzに特化した無線機には，ノイズや混信の中から目的とする信号だけを取り出すためのフィルタ機能がより充実している機種があります（**写真1-5**）．

また28MHz（29MHz）や50MHz（51MHz）ではFMモードが使え，FMモードの良質な音声で遠距離通信を楽しむことができます．しかしあえてSSB/CW/RTTYに特化した無線機もあります（**写真1-6**）．FMモードには対応しないものの，デジタル信号処理プロセッサ（DSP）によるフィルタが充実していて国内，国外の遠距離通信（DX通信）向きに仕立ててあり，それでいて価格も抑えめというものです．

第1章　アパマン・ハムを始めよう

写真1-7 JVCケンウッドTS-480シリーズ
10W（50MHzは20W），50W，100Wそして200Wモデルが用意されている．10W，50W，100Wモデルにはアンテナ・チューナを標準で内蔵

写真1-8 JVCケンウッドTS-590シリーズ
HF+50MHz CW/SSB/AM/FM対応．アンテナ・チューナ内蔵．受信基本性能に優れており海外（DX）との交信を主軸とする愛好家の間でも評価が高い

写真1-9 八重洲FT-897Dシリーズ
これ1台でHF（1.9MHz～30MHz）/50/144/430MHz CW/SSB/AM/FMに対応．オプション（別売）で内蔵バッテリ・パックやスイッチング電源を組み込むことができる．アンテナ・チューナもオプションとしてラインナップ．固定局用としてはもちろん，ポータブル機としても活用できる

チューナ内蔵タイプがお勧め

　HFを中心に運用を考えた場合にはアンテナ・チューナを内蔵した無線機が何かと便利です（**写真1-7～写真1-9**）．

　というのも，アパマン・ハムの多くは，限られたスペースにアンテナを設置する関係から，短縮型のアンテナを使用することが多いと思います．この短縮型アンテナは短縮の割り合い（短縮率）が増えれば増えるほど送信可能な周波数の幅が狭くなります．例えば7.050MHzで*SWR*の値が最低になるように調整しても，7.150MHzあたりでは*SWR*が高くて送信をためらうことになります．アンテナを調整すればよいのですが，モービル・ホイップやダイポール・アンテナを周波数を変えるたびに調整するということは現実的ではありません．また*SWR*が高い状態で送信すると無線機の保護回路が働き，送信出力が自動的に下がります．そこでアンテナ・チューナでアンテナと同軸ケーブル，そして無線機との間の整合をとってやることで，短縮アンテナでも周波数を変化させる度にいちいち調整を行わなくても使うことができます．

　なお屋外型アンテナ・チューナを利用したアンテナやモータ・ドライブ・アンテナなど同調機能をアンテナ側で持つものは無線機内蔵のアンテナ・チューナは必要ありません．

安定化電源の選び方

　さて無線機購入の際は，安定化電源（電源装置）も要確認です．最近の無線機の消費電力は昔と比べると増えています（受信だけでも1A以上消費する無線機もある）．

　AC100Vにつなげない無線機を使うには直流（DC）13.8V出力の安定化電源を用意するのですが，この安定化電源は数多く発売されています．同じメーカーでも種類がいくつもあったりします．その違いは出力電流．例えば，八重洲無線FT-450D（**写真1-2**）の100Wモデルでは，最大電流が約22Aとカタログに記載されています．この場合，安定化電源は出力電流が25A以上のものを選ぶ必要があります．しかし実際には1台の安定化電源に固定機（据置型）とハンディ機など複数の無線機をつないで，同時に使うことも多いでし

アパマン・ハム入門　35

ょうから，余裕のある物を選んでおくことが肝心です．HF 100Wモデルをメインにモービル機やハンディ機も使うのであれば35A以上のものを，HF 50Wモデルであれば20A以上の安定化電源を選んでおくと安心です（**写真1-10**，**写真1-11**）．

■ **スイッチング電源は要注意**

最近の安定化電源は従来のトランス型より小型で軽量なスイッチング方式の電源が主流です．その動作原理から，安定化電源そのものがノイズを出す場合があり，特にHFの特定の周波数でノイズを大きく発生することがあります．しかも必ず発生するとは限らず，その特性は1台ごと異なるのでどのメーカーのどの安定化電源がよいとは一概には言えません．

もちろん，旧来のトランス（変圧器）を使った安定化電源でも必要な電流が得られれば問題ありません．トランスを使ったものはスイッチング方式のものに比べて重量が重いのが難点といえ，スイッチング方式，トランス・タイプいずれも一長一短と言ったところです．

写真1-10 第一電波工業 DSP3500
スイッチング方式の安定化電源で出力電流は35A．背面に無線機からの電源ケーブルを接続する赤黒のターミナルを配置．前面にはハンディ機などをつなぐ際に便利な小電流機器用のターミナル，シガー・ソケットを装備

写真1-11 第一電波工業 GZV4000
スイッチング方式の安定化電源で出力電流は40A．HF固定機の他，V/UHFモービル機などを同時に使う場合にお勧め

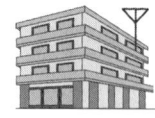

1-4　V/UHFで気軽に楽しむ

車に積むタイプの無線機（モービル機）で気軽に開局できて，都市部を中心に交信相手にこと欠かないのがV/UHF（144/430MHz）です．無線機のラインナップも豊富で，ハンディ機などで屋外で気軽に運用できるのもV/UHFならではです．設備的にも比較的扱いやすいことから入門バンドとしての役割も担っています．

V/UHFの実態

2012年2月に144/430MHzで電波を出せる局数（無線局免許を得ている局数）を総務省の免許情報検索Webサイトで調べ，エリアとバンドごとに集計したデータがあります（**図1-5**，**図1-6**）．これによれば，アマチュア局の96.6%が144/430MHzも免許されていて，その人気の高さをうかがい知ることができます．一方，HFで電波が出せる局は約25万局で56.5%，まとめると，アマチュア局のうちほとんどの局がV/UHFの設備をもち，過半数の局がHFにも出られる設備をもつ．そのような実態が資料から読み取ることができます．

V/UHFのにぎやかさは人口に比例する

この資料には出ていませんが，交信相手の数は人口に比例します．つまり，人口が多い地域のV/UHFはにぎやかで，人口が少ない地域は閑散

第1章　アパマン・ハムを始めよう

としています．V/UHFの電波伝搬は一般的に見通せる範囲内に限られるので，都市部では交信相手がたくさんいますが，人口が少ない地域では運用局も少なく，無線機のダイヤルを回してもほかの局の声があまり聞こえてこない，という状況があり得ます．もしも人口の少ない地域にお住まいならHFでの運用も計画されることをお勧めします．

ところが，今は，通信経路の途中にインターネットを利用して交信できる「D-STAR（デジタル・レピータの利用）」や「WIRES（ワイヤーズ）」などという，V/UHFの電波を使って国内海外とも交信できるしくみが実用化されていて，多くのアパマン・ハムの方が楽しんでいます．このような新種のジャンルも活用してみるのも一つの方法です．

V/UHFの伝搬

電波が伝搬する範囲は見通し距離と説明されることが多いのですが，指向性があるアンテナを使えば，山岳反射やビル反射など多彩な伝搬を実感できるのも魅力の一つです（**図1-7**）．

平日と休日の違いや時間により，バンドのようすはガラリと変わります．平日昼間は，FMモードで知り合い同士や仲間とおしゃべり（ラグチュー）を楽しむ局が多く，夜間や休日を中心に家や車の中からFMやSSBでCQを出して不特定多数の局と交信したり遠距離交信を狙うなどの交信が聞こえてきます．

日常的に運用局が明らかに多いのがFMモードで，「呼出周波数」を聞くとラグチュー目的の特

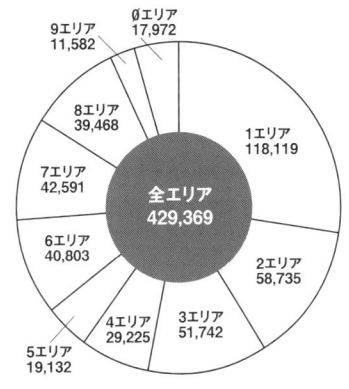

図1-5 エリアごとの144/430MHzの免許局数
144/430MHzで免許されている局の数でいずれか一方のバンドのみ免許されている局も1局とカウント（2012年2月末日のデータ）

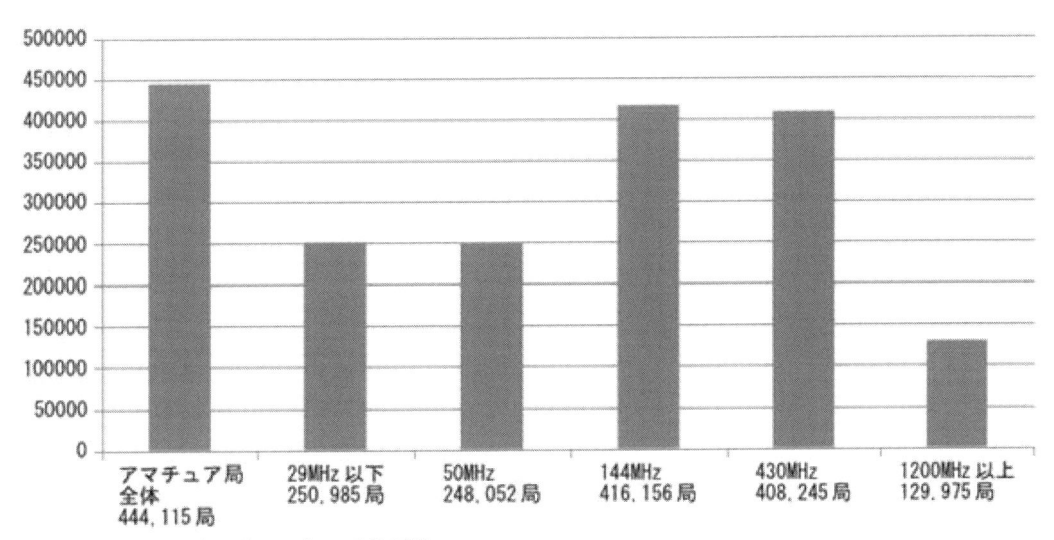

全エリア 429,369
1エリア 118,119
2エリア 58,735
3エリア 51,742
4エリア 29,225
5エリア 19,132
6エリア 40,803
7エリア 42,591
8エリア 39,468
9エリア 11,582
0エリア 17,972

図1-6 総アマチュア局数とバンドごとの免許局数
29MHz以下および1200MHz以上はその範囲内で免許されていれば1局とカウント（2012年2月末日のデータ）

- アマチュア局全体 444,115局
- 29MHz以下 250,985局
- 50MHz 248,052局
- 144MHz 416,156局
- 430MHz 408,245局
- 1200MHz以上 129,975局

アパマン・ハム入門 | 37

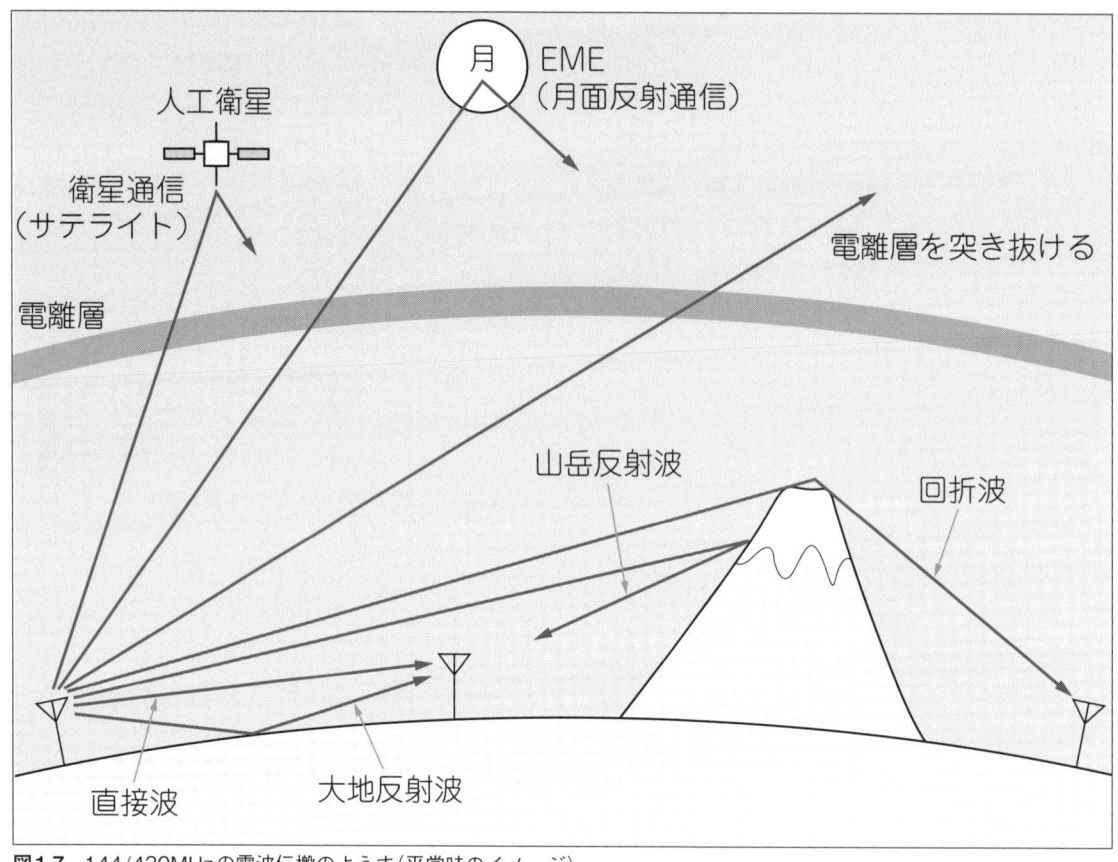

図1-7 144/430MHzの電波伝搬のようす（平常時のイメージ）

定局呼び出しから不特定呼び出し（CQ）も聞こえてきます．地域的な違いもあり，人口が少ない地域では144MHzが中心，人口が多い地域では430MHzもにぎやかです．東京都とその周辺部を例にとれば，FMモードの場合，144MHzよりも430MHzのほうがCQが聞こえる頻度が高いと感じます．

SSBのアクティビティーに関しては全国的に144MHz＞430MHzという雰囲気ですが，最近は熱心なファンがビック・アンテナで遠距離交信のチャンスを狙うバンドというイメージが強いものの，アパマン・ハムはもちろん，一戸建ての屋根にGPアンテナという設備のハムでも気軽に楽しめるはずです．

バンドプランに見る144/430MHzの使われ方

144/430MHzはSSBやFMで交信するにとどまらず，さまざまな運用モードや運用形態があり，バンドプラン（使用区分）も少々複雑なので，**図1-8**のバンドプランの図と照らし合わせながら説明します．

■ 呼出周波数

ここで交信相手を呼び出したり，CQを出したあとほかの周波数に移って交信します．事実上，FMモード専用の呼出周波数で電波型式F3EとF2Aのみ送信可能．それ以外の電波型式の電波の送信はできません．ここをメイン・チャネル，ほかの周波数をサブ・チャネルと呼ぶこともありま

■ 広帯域の電話・電信・画像区分

FMトランシーバを使った交信（FMモード）とD-STARやC4FMなどのデジタル音声通信はこの区分を使います．

広帯域区分を使う電信はFMトランシーバにCWトーン回路を付加して送信するCW（電信）です．画像はFMトランシーバにパソコンのサウンド・カード入出力をつないで行うSSTVが考えられます．FMトランシーバでデジタル音声通信モードの電波を復調すると「ザー」という音に，FM-SSTVは「ピロピロ」という音に聞こえます．広帯域区分を使うCWやSSTVの運用はとてもマイナーな部類に入るでしょう．

この区分内では20kHz間隔で10kHz台が偶数の周波数を使う慣習があり，CQを出して行う不特定多数との交信は呼出周波数により近い周波数を使う傾向があります．

D-STARなどのデジタル音声通信での交信は関東地方を中心に433.30MHzとその付近が使われるようになってきました．

■ CW/SSB区分

- **144MHz**…SSBは144.200MHzを中心としておおよそ±100kHzの範囲がよく使われています．それより上の周波数はラグチューで使われる傾向があります．CWは144.100MHzに近い周波数が利用されていて，関東地方では毎週末にロールコールが行われています．
- **430MHz**…SSBで利用する周波数は430.200±100kHzがねらい目で，雰囲気としては144MHz SSBと似ています．CWは144MHzと比較するとアクティビティーが低めですが，いざコンテストが始まるとにぎやかになります．

■ VoIP区分

WIRES（ワイヤーズ）やEchoLink（エコーリンク）というインターネットを介して行う通信シ

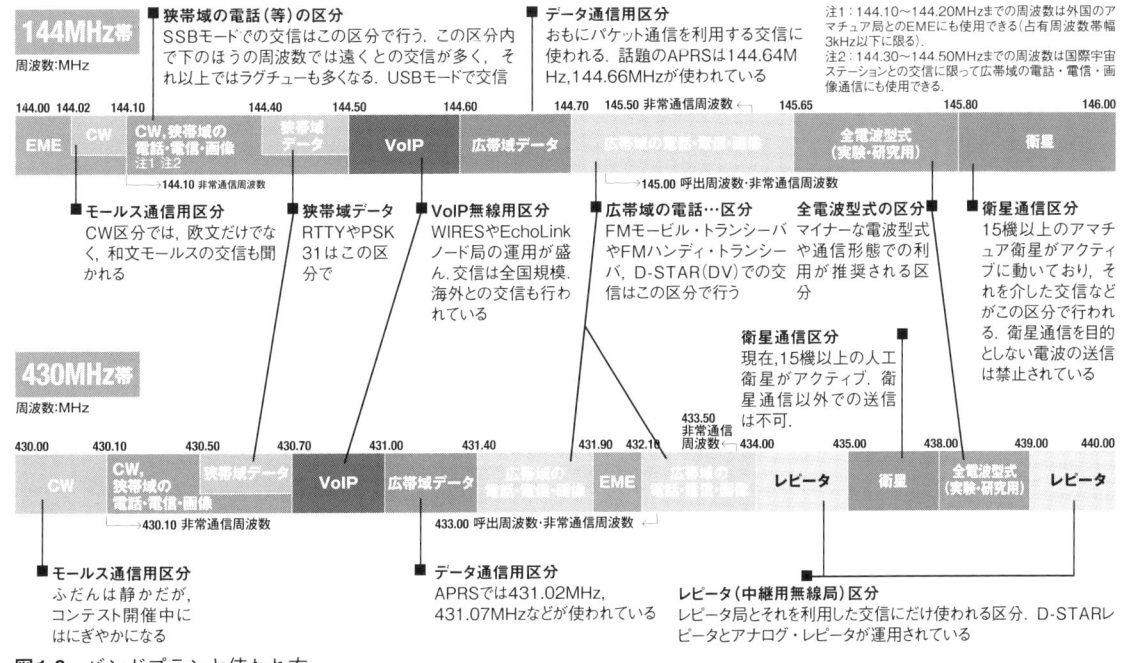

図1-8　バンドプランと使われ方

ステム専用の周波数で，海外や日本各地の局の音声が聞こえてきます．電波型式の制限はありませんが主にFMが使われ，利用周波数の間隔（ステップ）は混雑地域では10kHz，混雑がない地域は20kHzです．

■ 広帯域データ

事実上のパソコンなどを使ったデータ通信，「パケット通信」専用の周波数で，送信可能な電波型式はF1D，F2D，G1Dに限られます．最近はAPRS（GPSデータなどを送受信する通信ネットワーク）やまれに転送型BBS，DXクラスターで使われています．これらの電波をFMトランシーバで聞くと「ピーギャラ」とか「ザー」という音に聞こえます．

APRSは全国的に144.64MHzで9600bps GMSK，144.66MHzで1200bps AFSKが使われています．

■ 全電波型式（実験・研究用）

専用区分がない運用形態，運用モードや実験的要素が強い運用形態（FMとSSBを使ったクロスモード交信など）および，どの周波数を使ったらよいのか判断しがたいものについてはこの区分を使います．

■ レピータ

439.01（434.01）MHz ～ 439.50（434.50）MHzはD-STARレピータとアナログ広域レピータ，それ以上の周波数はアナログ・レピータで使われています．10kHz台が偶数の周波数を使うD-STARレピータはユーザーが439MHz台でアップリンク（送信）する「逆シフト」です．D-STARレピータを利用するにはD-STAR対応無線機が必要です．

1-5 アパマン・ハムの無線機選び【V/UHF編】

V/UHFの無線機は大別するとデスクトップ型の「固定機」，車に積めるように設計された「モービル機」，屋外で手に持って使える「ハンディ機」があります．固定機はもちろん，モービル機やハンディ機でも安定化電源と組み合わせれば家で使うことができます．

V/UHFの無線機の対応バンド・電波型式

市販のV/UHFトランシーバには大きく二つの流れがあります．一つは，利用者が多い144/430MHzのFMモードのみに対応した製品群（Ⓐ），144/430MHzのFMモードに加えて，他のバンド，モード（デジタル音声など）や新機能を追加した製品群（Ⓑ）です．

二つめは，HF～430MHz（または1200MHz）まで対応したオールモード・オールバンド機の製品群（Ⓒ）．

予算と機能の関係を考えると，Ⓐが予算的に最もお求めやすく操作も簡単．Ⓑは新機能・新モードの操作は少々難しいかもしれないが，単純にFMモードを使っているうちはⒶと同じく簡単な操作で楽しめて，ある程度慣れたら，そのままステップ・アップできる．Ⓒが最も対応範囲が広くお買い得感もあるが，さまざまな用途に対応できるために機能が豊富で操作も少々複雑，という傾向があります．経験値，設置場所の状況，操作性，予算との関係をよく考えてベストな無線機を絞り込んでいけばよいでしょう．

次に，形状別に特徴やお勧めできる点を挙げていきます．

無線機の形状と特徴

■ 固定機（写真1-12）

家で使うことを想定して設計されていて，HFにも対応しているので，家で使うならば固定機を選んでおけば間違いありませんが，一度にすべて

第1章　アパマン・ハムを始めよう

写真1-12　固定機の例（JVCケンウッド TS-2000）

写真1-13　モービル機の例（八重洲無線 FTM-350A）

のバンド，モード，機能を使いこもうと思わずに徐々にステップ・アップしながら無理なく楽しんでいくとよいと思います．別途安定化電源が必要な機種がほとんどです．

■ モービル機（写真1-13）

　モービル機はFMモードのみのタイプ，それにD-STARやC4FMなどのデジタル音声モード，APRSなどの機能を加えたタイプ，SSB/CW/FMそのほかに対応したオールモード機に分類できます．オールモード・モービル機は既出のHF～430MHzに対応しているタイプです．人口が多い地域なら，FMモービル機1台でも交信相手がいなくて悩むということは少ないでしょう．

　モービル機は自動車内で使うことを想定しているので，静まり返った室内で動作させた場合，おもに送信時に動作する空冷ファンの音が思いのほか大きいと感じる場合があるかもしれません．解決策として，空冷ファンがない機種を選んだり，フロントパネルとスピーカ，マイクだけを手元に置いて本体を離れた場所に置くなどの方法が考えられます．別途安定化電源が必要です．

■ ハンディ機（写真1-14）

　ハンディ機は手に持って使える無線機です．モービル機と同じように，FMのみに対応しているものから，ほかのバンドやモードも追加されているものまで，多彩なラインナップがあります．

　ハンディ機は放熱の関係からその無線機の最大

写真1-14　ハンディ機の例（アイコム ID-51）

出力で長時間かつひんぱんに送信すると，送信中に保護回路が作動して送信出力が下がることがあります（故障ではない）．送信時間が長くなるような交信はローパワー（通常は1W以下）で行うことになるので，注意が必要です．

　家で使うには，電池で運用してもよいですが，各ハンディ機にオプション用品として設定がある「シガープラグ付き電源ケーブル」でシガージャックがついた安定化電源につないで使うとよいでしょう．

　またアンテナをつなぐコネクタもSMAやBNCというタイプが使われているので，M型またはN型をSMAまたはBNCコネクタに変換するケーブルを用意しておくと便利です．

アパマン・ハム入門　41

第2章
アパマン・ハムのアンテナと施工例

アンテナはアパマン・ハムにとって頭を悩ませる要素であり，関心事ではないでしょうか．もちろん高性能なアンテナが良いに越したことはありませんが，家族やご近所の目もある．アンテナの取り付けや調整は難しくないか？ そして予算は……？
アマチュア無線はチャレンジと常に飽くなき追求が行える趣味であり，アンテナも例外ではないでしょう．
この章では，HF/50MHzとV/UHFそれぞれいくつかの代表的なアパマン用アンテナ・スタイルと設置工事のツボを紹介します．ぜひあなたに適したアンテナ戦略を考えてみてください．

2-1　HF/50MHz アンテナ・スタイル

　まずはHF（短波帯）のアンテナに関して，容易に購入できる市販品を利用し，バルコニーへの取り付けを前提としたお勧めできる設置スタイルを紹介します．

　波長が長いHFはアンテナ設置スペースが限られたアパマン環境では厳しいものがあるような気がしていませんか？ でも，工夫次第で何とかなります．それゆえに多くの人がアパマン環境でHFを楽しんでいます．

　取り付け方や設置環境により飛びの良しあしに差が出るので，読者の皆さんにとってどれがベストかまでは判断できないのですが，CQ ham radio誌などでもよく登場する，実績があるバルコニーへのアンテナ取り付けパターンです．ぜひあなたにピッタリのスタイルを見つけてください．

① モービル・ホイップ流用

　波長が長いぶん，大きくなりがちなHF/50MHz用アンテナですが，できる限り目立たないようにしたい．あるいは使うときにだけ取り付ける．という方にお勧めです．上下階，隣住戸へ与える可能性がある「威圧感」も最低限（ほとんどナシ？）で済みます．

　これは，クルマ（＝モービル）に取り付けるために設計されたアンテナをバルコニーに設置して使おうというもので，長くても全長2mとちょっとです．これが意外と見かけによらずよく飛んでくれるので侮れません．お勧めの2種類を紹介しましょう．

■ モノバンド・モービル・ホイップ

　135kHz〜28MHzまで11バンドあるHFのアマチュア・バンドのうち，3.5MHz以上のバンドにモービル・ホイップのラインナップがあります．複数のバンドに対応するものもありますが，調整のしやすさと手軽さを考えるとモノバンド・タイプ（**写真2-1**）がお勧めです．運用したいバンドのモ

第2章　アパマン・ハムのアンテナと施工例

写真2-1　モノバンド・モービル・ホイップ
第一電波工業の7MHz用モノバンド・モービル・ホイップHF40CLを取り付けたようす

写真2-3　車に取り付けた八重洲無線のATAS-120
こちらもモータ・ドライブ・アンテナの一種．これをマンションのバルコニで使う手もある

写真2-2　モータ・ドライブ・アンテナ
第一電波工業のモータ・ドライブ・アンテナSD330をバルコニの手すりに取り付けたようす

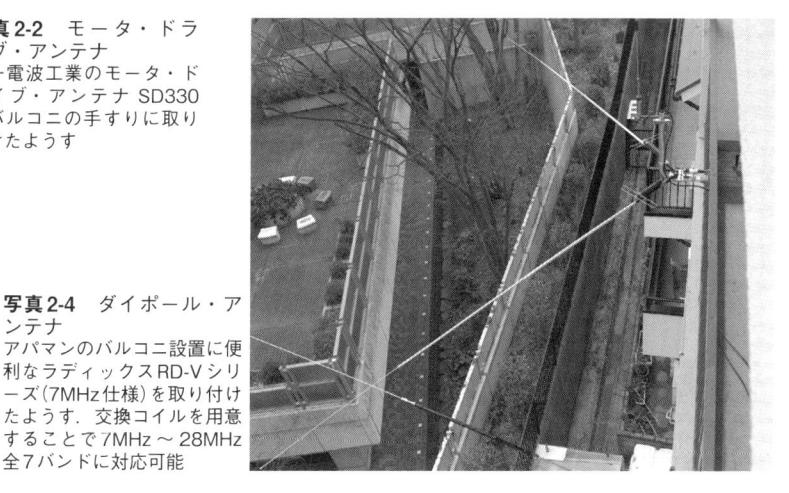

写真2-4　ダイポール・アンテナ
アパマンのバルコニ設置に便利なラディックスRD-Vシリーズ（7MHz仕様）を取り付けたようす．交換コイルを用意することで7MHz～28MHz全7バンドに対応可能

ービル・ホイップを用意しておいて，その都度差し替えて使います．アンテナ・チューナを内蔵したトランシーバを使うか，後付けのアンテナ・チューナとの組み合わせがお勧めです．

■ モータ・ドライブ・アンテナ

「複数のバンドで運用したい，運用バンドを変えるたびにアンテナを付け替えるのは面倒」という方には，本書の入門向けというコンセプトに基づき，市販のモータ・ドライブ・アンテナ（**写真2-2，写真2-3**）をお勧めします．

このタイプはアンテナ自身が動いてチューニングを取り，複数のバンドに対応するもので，アンテナ・チューナは不要です．トランシーバにアンテナ・チューナが内蔵されていれば，それはオフにして使います．

取り付け方法はモノバンド・モービル・ホイップと同じですが，雨水の侵入を防止するために垂直（または斜め）にガッチリ取り付けます．

② ダイポール・アンテナ

「モービル・ホイップは手軽だが長さが短いので受信や飛びがいま一つ？」「屋外設置型のアンテナ・チューナと組んだロング・ワイヤ・アンテナは魅力的だが良好な高周波グラウンドを得られるか不安だ」「最上階なので大きさは少々大きくなっても性能を重視したい」…そんな方にお勧めしたいのは金具一つで固定できるアパマンを意識したダイポール・アンテナです（**写真2-4**）．

アパマン・ハム入門　| 43

このダイポール・アンテナは，電線ではなくステンレスやアルミ・パイプなどの金属をエレメントに用いて給電部付近の1か所を固定するだけで展開できるようにしたもので，サイズもさまざまです．ほとんどの製品がローディング・コイルを使用し全長を短くして，設置場所の自由度を高めています．特にアパマン向けの製品はコンパクトでバルコニにもラクに設置できます．コンパクトになればなるほど，SWR<1.5の帯域が狭くなるので，アンテナ・チューナを併用することをお勧めします（トランシーバに内蔵されているものでよい）．

③ ロング・ワイヤ・アンテナ

チューナに任意の長さの導線（ワイヤ）と高周波グラウンド（アース）を接続するタイプのアンテナで，ランダム・ワイヤ・アンテナとも呼ばれます．屋外設置型のオートマチック・アンテナ・チューナ（以下，ATU）と組み合わせることで，HFのほぼすべてのバンドに対応できることと，ワイヤの張り方に自由度が高いのが特徴です．

HFのマルチバンド・アンテナの悩みに明るい光をもたらしたのがこの屋外設置型ATUの出現でした．もともと大型船舶の無線設備でATUが使用されていましたが，CWで1kWもの出力に耐えられる室内用の装置で，大きさもそれ相応のものでした．その後，外洋ヨットや中型漁船，政府関係や国連機関などの陸上移動局用にマイクロ・コンピュータ内蔵，防水・防塵仕様の小型ATUが開発されました．あわせて，アマチュア無線用に設計された屋外型ATUが各メーカーから発売され，現在に至ります．

業務無線局の多くは電線を展張しそれに給電するいわゆるロング・ワイヤ・アンテナとしての使い方が主流ですが，既成概念にとらわれず柔軟な発想でその利用方法を考えることができるわれわれアマチュア無線家は，この便利な箱を使ったさまざまなアンテナ・スタイルを生み出してきまし

写真2-5 釣り竿アンテナの例（突き出しタイプ）
使うときだけ伸ばして使う一般的な釣り竿アンテナ

写真2-6 釣り竿アンテナの例（垂直設置タイプ）
マンション最上階や屋上などで有効な設置方法

写真2-7 釣り竿アンテナの例（回転タイプ）
ローテーター（コメットCRT-7）を利用し，使う時だけ90°回転させて使うようにした例

た．

アンテナの設置環境に制約があるアパマン・ハムの間では，5m～10mほどの長さの釣り竿を利用したランダム・ワイヤ・アンテナに人気があり，「釣り竿アンテナ」と呼ばれて親しまれています（**写真2-5～写真2-7**）．

第2章　アパマン・ハムのアンテナと施工例

写真2-8　磁界ループ・アンテナの例
秋葉原のロケット・アマチュア無線本館などで扱いがある

写真2-9　EHアンテナの例
FRラジオ・ラボ社の3.5MHz用EHアンテナ FR-V80

④ 各種コンパクト・アンテナ

昨今の住宅事情からアパマンはもちろん，一戸建てでもバルコニに建てられるクラスのアンテナで気軽に運用したいなどのニーズの高まりから，さまざまなコンパクト・アンテナが登場しています．

市販されているアンテナですと磁界ループ・アンテナ（**写真2-8**），EHアンテナ（**写真2-9**）が有名です．

2-2 HF/50MHzの高周波グラウンドの話

HF/50MHzのアンテナで気にすべきポイントの一つに，高周波グラウンド（以下，アースと表記）があります．良好なアースが確保できるか否かで使えるアンテナが変わってきます．

結論から言えば，「① モービル・ホイップ流用」と「③ ATU利用ロング・ワイヤ・アンテナ」はアース処理が必要．「② ダイポール・アンテナ」やループ型のアンテナはアース処理が不要で，注意事項を守って取り付ければ正常に動作します．

①と②のアンテナは比較的簡単に設置できて便利な反面，工夫して設置した③のアンテナのほうが飛びの面では効率が良い場合が多いかもしれません．しかし，「目立たない」を重視するなら①の方法を採るほうがよいなど，運用環境によるところが大きいと言えます．

高周波グラウンドの取り方

この高周波グラウンドは，その名のとおり高周波に効くものでなければならず，たとえバルコニにある洗濯機置き場のコンセントにアース端子があったとしても，高周波的には使いものにならない場合がほとんどです．以下，アパマンの場合の代表的なアースの取り方をピックアップしてみます．

■ バルコニの手すりから取る

バルコニの金属製の手すりにアンテナの取り付け部分から最短距離でつなぎます（p.46の**写真2-10**）．マンションの場合，「鉄筋」と導通していれば良好なアースとなり得ます．最短距離でつなぐのがミソでアンテナの取り付け位置で最短距離を確保せよというイメージです．電線を1mも2mも引っ張ってつなぐようでは効果が薄れます．

最近はバルコニの"立ち上がり"の部分まで鉄筋コンクリートで，手すりの部分だけが金属製というケースも多く，この場合，手すりの金属部分が鉄筋と接していない場合があり，良好なアース

写真2-10 バルコニの手すりの金属部分と基台を接触させてアースを確保する

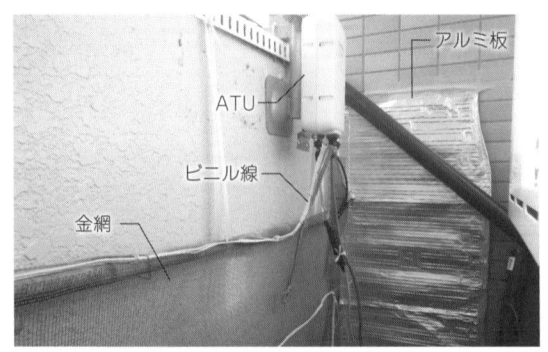

写真2-11 カウンターポイズの施工例．バルコニの内側に金網や複数のビニル線を展開

として機能するかは微妙です．

■ カウンターポイズで取る

バルコニの手すりにキズを付けるなんてとんでもない！とか，手すりが鉄筋につながっていないようだ…などのような場合にはカウンターポイズを施工してそれをアースにします．

アパマンの場合には，バルコニの床に金属版や金属製の網をできるかぎり広く敷き込むか，運用するバンドの1/4λの長さの電線を，可能な限り多くアンテナ基部（アース側）に接続し，バルコニの床などに広く広げて展開します（**写真2-11**）．これらが，高周波グラウンドとして機能してくれます．

バルコニは人が出入りするスペースなので，カウンターポイズを施工した後は，人工芝やウッドタイルなどの絶縁物の施工をお勧めします．

2-3 HF/50MHzアンテナ施工例

モービル・ホイップの施工例

■ 用意するもの

● モービル・ホイップ

要となるアンテナ本体ですが，HFでは一つのバンドのみに対応した「モノバンド・タイプ」のモービル・ホイップがお勧めです．理由はアンテナ自体が軽量で調整も容易であることです．

ところで，移動局の最大出力は50Wなので，耐入力が100W未満のモービル・ホイップもあります．100Wや200Wタイプのトランシーバと組む場合はモービル・ホイップの耐圧に注意します．

● アンテナ基台

基台は「大型パイプ取付基台」や「キャリア用基台」と呼ばれるタイプがお勧めです（**写真2-12**，**写真2-13**）．

● 同軸ケーブル

「モービル基台用同軸ケーブル」や「車載用同軸ケーブル」と呼ばれているケーブルがお勧めです（**写真2-14**）．アンテナ側のコネクタが防水タイプなので施工がラクです．ただし，長いタイプでも6mほどの長さしかないので，部屋に設置した無線機まで届かない可能性が大です．延長するための同軸ケーブルも用意したほうがよいでしょう．

アンテナ直下でコモン・モード・フィルタをパッチン・コアで作る場合，アンテナ側が細い同軸ケーブルになっているタイプを選ぶと好都合です

第2章 アパマン・ハムのアンテナと施工例

写真2-12 大型パイプ基台
Uボルトとセットされた金具なので，バルコニの角パイプ部分にもしっかりと取り付けられる

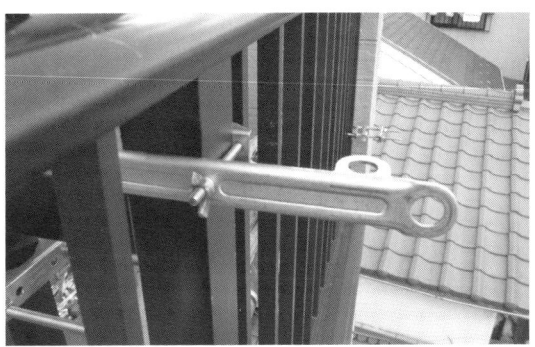

写真2-13 アパマン用基台
バルコニの手すりへの取り付けを意識して設計された基台の例

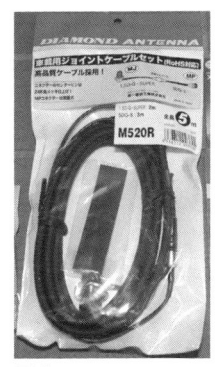

写真2-14
車載用同軸ケーブルの例

写真2-15 アンテナ直下にパッチン・コアによるコモン・モード・フィルタを巻いた例

写真2-16 アンテナ・ベース（基台）とケーブルを取り付けたようす

（**写真2-15**）．

■ 実際の施工

(1) アンテナ・ベース（基台）の取り付け

バルコニの手すりにモービル・アンテナを取り付けるためのベース（基台）とケーブルを取り付けます（**写真2-16**）．手すりを傷つけたくない場合は薄い板（ゴム板など）を挟むとよいでしょう．

この基台にモービル・アンテナをセットします．HFのアンテナの場合，建物の影響を最低限に抑えられるように，アンテナが横向き（大地と並行）になるように，突き出して取り付けます（**写真2-17**）．斜めに突き出しても大丈夫です．

ただし，29/50MHzのFMで運用する場合には大地に対して垂直に設置するようにします．

写真2-17 HFの場合はアンテナを大地と並行に付けるとよい

(2) 高周波グラウンド（アース）処理

モービル・ホイップは接地型アンテナの一種で，V/UHF用の一部を除いて高周波グラウンド（アース）が必要です．「車に取り付けた場合」には車体の金属部分（ボディ）に導通させると車のボ

アパマン・ハム入門 | 47

写真2-18 マグネット・アース(第一電波工業 MAT50)の使用例

写真2-19 基台の取り付け金具を手すりに深く食い込ませるか塗装を剥がしてから取り付けて，アースにする

写真2-20 アルミ製の手すりの場合，手すりを組んでいるビスからアースが取れるケースも少なくない

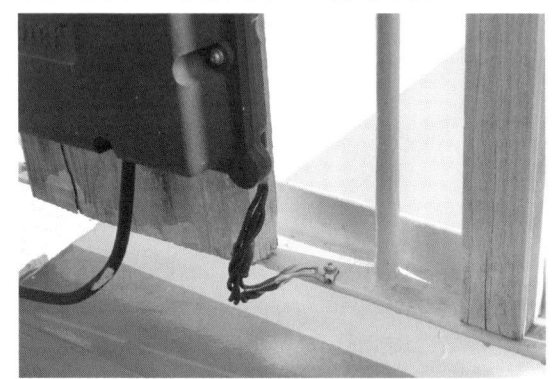

写真2-21 原理としてはアルミ製手すりと同じ．タップビスを施工してアースを確保する

ディが高周波グラウンドとして機能するように設計されていますが，アパートやマンションではバルコニの金属製手すりを車のボディと同じように高周波グラウンドとして流用するとよいでしょう．

この処理が厳しい場合は，カウンターポイズ(p.46の**写真2-11**)の施工や，マグネット・アース(第一電波工業，MAT50)を使う方法もあります(**写真2-18**)．

● アース処理例（1）

手すりの塗装は電気を通さないことが多いので，基台の取り付け金具を手すりに強く噛みつかせて，塗装の下の部分に接するようにします(**写真2-19**)．

● アース処理例（2）

手すりに傷を付けずにアースを確保したい場合のアイデアを紹介します．

• **アルミ製手すりの場合**

アルミ製の手すりの場合は，手すりを組んでいるビス(通常は手すりの裏側)を探して，いったんそれを緩め，丸型またはY型の圧着端子を噛ませてアースを確保するとよいでしょう(**写真2-20**)．

この場合，アース線ができる限り短くなるように努めます．

• **スチール製（鉄製）の手すりの場合**

目立たない場所(手すりの下側が最適)に電動ドリルで穴を開けて，ステンレス製のタップ・ビス，ワッシャと丸型またはY型の圧着端子でアースを確保します(**写真2-21**)．タップ・ビスはM5～M6相当がお勧めです．

第2章 アパマン・ハムのアンテナと施工例

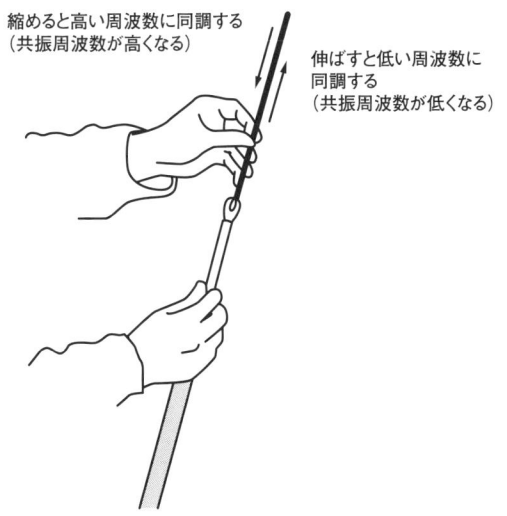

縮めると高い周波数に同調する
（共振周波数が高くなる）

伸ばすと低い周波数に同調する
（共振周波数が低くなる）

図2-1 モービル・ホイップはエレメントの長さを調整して目的周波数に同調させる

スチール製の手すりは塗装を剥がして空気に触れると錆びるので，塗装が剥げる部分を少なくするためにもタップビスの施工が得策です．施工後は，シリコン・シーラーなどを施工して防水します．

（3）調整方法

HF/50MHzのモービル・ホイップの多くはアンテナ本体の調整が必要です．簡単に調整できるよう工夫されている製品もあります．

調整は，無線機を接続して受信ができることを確認した後，必要最低限の送信出力で実際に送信してみて，SWRメータを見ながら，目的とする周波数でSWRの値が最も低くなるようにエレメントの長さを変化させて調整します（**図2-1**）．無線機の代わりにアンテナ・アナライザ（カコミ記事参照）を使うと，部屋とバルコニの間を何度も行き来することなくアンテナの近くで調整を行うことができるので便利です．

● 調整のコツ

SWRを測定し，それが最小となる周波数が目的とする周波数より高い場合，例えば7.100MHzが目的周波数で，SWRが最小になる周波数が7.150MHzのようなケースでは，アンテナの長さを長くすると，SWR最小の周波数が低いほうへと移動します．逆にSWR最小の周波数が目的周

■ **アンテナ・アナライザ**

アンテナ・アナライザ（**写真2-22**，**写真2-23**）には発振器が内蔵されていて設定した周波数で微弱な電波を出してSWRを計測し表示してくれます．いわば送信機一体型SWR計というべき装置です．少々値が張りますがアンテナ自作を楽しむ方を中心に人気がある装置です．

写真2-22 アンテナ・アナライザで計測中のようす　アンテナ・アナライザがあると調整がとても楽になる．写真はMFJ-259B．日本国内では日本通信エレクトロニクスが輸入販売を行っている

写真2-23 日本製のアンテナ・アナライザの例（コメット CAA-500）

アパマン・ハム入門 | 49

波数よりも低い場合には，エレメントを短くすることでSWR最小の周波数が高いほうへと移動します．

エレメントの長さを調整する場合，長さをいきなり短くしたり長くしたりせず，1〜2cmずつ変化させてSWRが最小となる周波数（共振周波数）がどのように移動するかを確かめながら行うのがコツです．どうしてもSWRの値が低くならない（1.5以下にならない）場合には，アースがうまく機能していないことが考えられるので，アースのとり方を変えてみたり，カウンターポイズの張り方を変えてみてください．

モータ・ドライブ・アンテナの施工例

モノバンド・モービル・ホイップを紹介しましたが，それに対して1本で複数のバンドに対応するものが「モータ・ドライブ・アンテナ」で，モービル・ホイップとして設計されているものです．以下にお勧めの製品と概要を紹介します．

■ モータ・ドライブ・アンテナの原理

これは，ローディング・コイルの部分を電動で伸縮させて共振周波数を変化させるアンテナ（図2-2）で，市販品では，八重洲無線のATAS-120A（7/14/21/28/50/144/430MHzに対応）と第一電波工業のSD330（3.5〜30MHzに対応）が有名です．モービル・ホイップなので，サイズも手ごろで扱いやすく，取り付け方法も基本的に既出のモービル・ホイップとほとんど同じです．まずは，それぞれの特徴や操作の概要を紹介しましょう．

● 八重洲無線 ATAS-120A

ATAS-120A（**写真2-24**）は「アクティブ・チューニング・アンテナ」という製品名で無線機メーカーの八重洲無線から発売されています．対応している無線機は八重洲無線のHF対応無線機の一部（FT-857/D，FT-897/D，FT-450/Dなど）ですが，無線機とアンテナの間は同軸ケーブルで接続するだけで特別な配線は必要なく，無線機から同軸ケーブルに重畳し供給される電力でアンテナのモータを駆動します．もし，今これらの対応機でモービル局を運用されている方でしたら，アンテナを差し替えるだけです．旧版のATAS-100も同様です．

• ATAS-120Aの動作

無線機本体のTUNEボタンを押すと自動的に送信状態になりSWRが最小となるポイントを探索．調整が完了するとモータの動作も止まり，運用できるようになります．

八重洲無線の無線機専用オプションですが，ボタンひと押しで同調動作を自動的に行ってくれるという魅力なアンテナです．

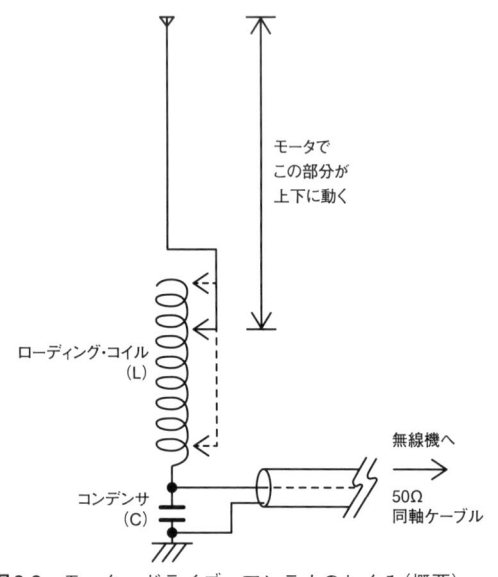

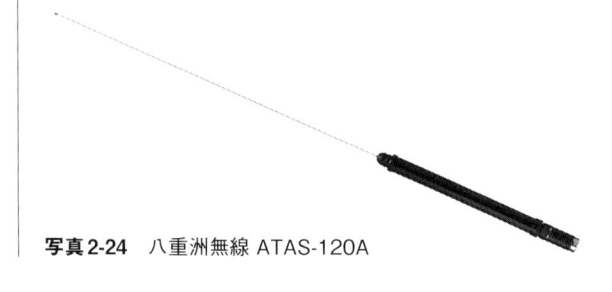

図2-2 モータ・ドライブ・アンテナのしくみ（概要）

写真2-24 八重洲無線 ATAS-120A

第2章　アパマン・ハムのアンテナと施工例

写真2-25 第一電波工業 SD330 このアンテナ1本で3.5〜28(29) MHzに対応

写真2-26 SD330を最大に伸ばしたところ

写真2-27 SD330のコントロール・スイッチ
ボタンを押すとコイル部分が伸び縮みして目的周波数に同調することができる

モノバンド・ホイップに比べてコイル部分が大きく，伸縮することでコイルの長さが変化し目的周波数に同調するしくみです（**図2-2**）．

● 第一電波工業 SD330

SD330（**写真2-25**，**写真2-26**）は「スクリュードライバー・アンテナ」とも呼ばれ，200W以下のHF対応無線機であれば機種を問わず，適用範囲が広いのが特徴です．また3.5〜30MHzに対応しており，周波数を3.5MHzから28MHzまで変化させるために必要な動作時間は約50秒，7MHzから28MHzであれば20秒以下で同調動作を行うことができます．

• SD330の動作

チューニングは手動で行います．UP/DOWNスイッチでSD330のアンテナの長さをリモコン・スイッチで変化させ，目的の周波数でSWRが最低になるように調整します．

接続は無線機とSD330を同軸ケーブルで接続し，途中にSWRメータを挿入します（無線機に近いところがよい．無線機にSWRメータ機能がある場合にはそれを使う）．また，SD330に付属のコントロール・ケーブルを接続し，片側のシガー・プラグをDC13.8Vの安定化電源に接続します．

調整は無線機をCWまたはAMモードにしてから電波を発射し，SWRメータの指示値を見ながらコントロール・スイッチ（**写真2-27**）のボタンを押し，コイル可変部分の長さを変化させSWRの値が最小となるところを見つけます．なお送信出力は10W以下にし，CWモードを使う場合は，無線機内蔵のエレキーはいったんOFFにして連続信号が出るようにします．

• 無線機の負担を最低限にする調整方法

送信しっぱなしで調整することは無線機に負担がかかるので，SSB/CWモードで受信状態にしてから，SD330のコントロール・スイッチのボタン

アパマン・ハム入門 | 51

を押してコイル可変部を伸縮させ，そのときに受信ノイズが大きくなるポイントを探し出してください．探し出した後，送信をしながらSWRメータの指示値を確認してSWRが最小となるように微調整すると無線機の負担が最低限で済みます．

■ モータ・ドライブ・アンテナの設置のコツ

取り付けの要領は，p.46「モービル・ホイップの施工例」とほぼ同じですが，次の点が異なります．

● 大地に対して垂直に取り付ける

ATAS-120AおよびSD330は重量があるので（ATAS-120A=900g，SD330=1,100g），できる限り大きなモービル基台をバルコニの手すりにしっかりと固定し，大地に対して垂直に取り付けます．

● 高周波グラウンドは確実に

これらのアンテナも接地型アンテナなので，良好な高周波グラウンドが得られていないと性能を発揮してくれませんし，SWRもなかなか下がらないという現象が起ります．

アースが不安定だったり，いいかげんな調整だと同軸ケーブルからも電波が出てしまい，電波障害の原因になる恐れがあります．しっかりとした高周波グラウンドの確保は必須です（短縮された接地型アンテナ共通の特性）．

● コモン・モード対策も行う

同軸ケーブルやコントロール・ケーブル，電源ケーブルなど，アンテナから出ているケーブルそれぞれにパッチン・コアを2〜10個ずつ取り付けます（**写真2-28**）．ATAS-120の場合は，アンテナ本体内にある制御部（マイコン）に電波障害が発生するとチューニング動作が安定しません．

コモン・モード対策についての詳細は第4章をご覧ください．

■ モータ・ドライブ・アンテナの使用感

ATAS-120A，SD330ともにモービル用として開発され，その長さはATAS-120Aが最長時で約1.6m，SD330は1.85mですがなかなか良い働きをしてくれます．筆者はモービル運用でもこれらのアンテナを愛用していますが，14MHzや21MHzで米国西海岸（シアトルやロサンゼルスなど）とSSBで交信した実績が何度もあります．

マンションの最上階などで上に遮るものがないバルコニに取り付ける場合には特に良い働きをしてくれるでしょう．

ダイポール・アンテナの施工例

ダイポール・アンテナは高周波グラウンドの確保（配線）の必要がないことから，比較的簡単な設置作業と調整作業ですぐに運用できます．

ダイポール・アンテナはワイヤ・タイプのものから，タワーの上に取り付けるロータリー・ダイ

写真2-28 パッチン・コアによる対策を行ったようす

写真2-29 Radixのアパマン用ダイポール・アンテナRDシリーズ
建物の影響を軽減するためにエレメントはV型に設置できる．エレメントの脱着も簡単

第2章　アパマン・ハムのアンテナと施工例

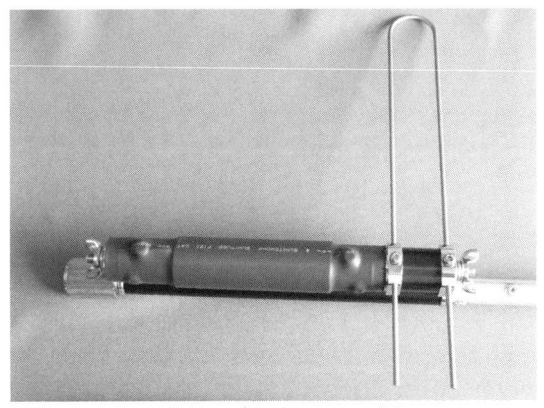

写真2-30 RD-Vシリーズのベース・コイル
ベース・コイルは着脱可能で，バンドごとに取り替えて運用する．同調周波数はベース・コイルに付いているU字のヘアピン・エレメントの位置を調整することで調整できる

ポールなど多種多様ですが，アパマン・ハム向けに手すりや1本のマストに簡単に取り付けて使うことができる，軽量かつ小型のダイポール・アンテナが各アンテナ・メーカーから発売されています．一つのアンテナで複数のバンドで利用できるものもあるので，カタログなどを見ながら比べてみるとよいでしょう．

ここでは，Radix（ラディックス）から発売されているV型短縮ダイポール・アンテナ「RD-Vシリーズ」（**写真2-29**）をサンプルとして施工例を紹介します．

■ RD-Vシリーズの概要

エレメントの全長は約5.15m（片側2.57m）で，ベース・コイル（**写真2-30**）を交換することで7〜28MHzまでの各アマチュア・バンドに対応します．耐入力も200W（CW）で，2アマ以上の方の設備としても適した仕様です．

アパート・マンションのバルコニの手すりなどに取り付けて，建物からの影響をできるだけ軽減するために，**写真2-29**のようにV型に設置します．V型の場合には90°から150°の範囲で取り付けることができます（水平設置も可）．

基本的に給電部およびエレメント部分はそのまま取り付けたままにしておき，運用するバンドに応じて別売りのベース・コイル・セットを交換します．バンド内での共振周波数の調整はベース・コイル部のU字エレメントをスライドさせることで簡単に行うことができます．いったん調整してしまえばネジで固定しておけるのでベース・コイル交換のたびに調整する必要はありません．

■ 取り付け方法

取り付け場所は，エレメントがバルコニーの外に出て，かつ，エレメントと建物の壁面などが平行にならない場所を選んで取り付けるのがコツです．手すりのパイプの形状によっては，そのまま付かないので，もう一工夫必要です．

説明書を見て，手すりなどにマウントベースを取り付けて，エレメントにコイルをセットしたものを説明書どおりに取り付ければアンテナ部が完成．同軸ケーブルをつないで調整すれば運用可能です．使わないときはエレメントを外して短くして収納しておくこともできます．

■ RD-Vの調整方法

2本のエレメントは伸ばしきった状態のまま，ローディング・コイルの部分にあるU字金具をそれぞれ左右均等に動かして調整します．いちいちエレメントを外す必要がなく，バルコニに立ったまま手が届く所で調整できるので便利で安全です．

ロング・ワイヤ・アンテナの施工例

空間に張った任意の長さの導線に電波を乗せるタイプのアンテナで，屋外設置型オートマチック・アンテナ・チューナ（ATU）の利用が便利です（p.54 **写真2-31**）．導線の張り方に自由度が高いアンテナなのでスペースが限られたアパマン環境に効果的です．屋外での移動運用にも便利な「釣り竿アンテナ」もこのタイプです．

このアンテナも，良好な高周波アースを確保することが重要であるとともに，チューナ部と無線機，チューナ・コントローラの配線部分にフィル

写真2-31 ロング・ワイヤ・アンテナ（釣り竿アンテナ）の例

写真2-32 アンテナ・チューナの例

写真2-33 屋外設置型ATUの例（東京ハイパワー HC-200ATF）

タ（パッチン・コアなど）を複数付ける必要があります．

施工例は第3章のp.73以降を，フィルタそのものやフィルタを付ける位置に関しては第4章のp.97 図4-19をご覧いただき実践することで，ロング・ワイヤ・アンテナ・システムを構築することができます．

便利なアンテナ・チューナ

モービル・ホイップやアパマン・ハム用ダイポール・アンテナを使う場合には無線機とアンテナの間にアンテナ・チューナ（**写真2-32**）を付けることをお勧めします．無線機の中に標準でこのチューナが内蔵されているものも数多くあるので，ぜひ活用しましょう．

というのも，HF/50MHz用のモービル・アンテナやアパマン・ハム用の小型ダイポール・アンテナはその小型化のために短縮コイルを用いています．その副作用で送受信できる周波数の幅が狭くなり，SWRが最も低い周波数を中心に，±10kHz～50kHz程度の範囲でしか送信できない（$SWR=1.5$以下に収まらない）のが一般的です．

例えば7MHzバンドは7.000～7.200MHzが割り当てられていますが，7.100MHzでSWRが最低になるように調整したアンテナの場合には，おおよそ7.085MHz～7.115MHzの範囲でSWRが1.5以下となります（アンテナの種類，取り付ける環境によって変化する）．そうするとCW運用が盛んな周波数（7.000MHz～7.030MHz）ではSWRが高くて送信できないので，CW/SSBを切り替えるたびにアンテナを調整しなければなりません．

アンテナ・チューナは，たとえ$SWR=3$でも$SWR=1$に極めて近い状態で送受信できるように整合してくれます．SWRが高いから，アンテナをいちいち調整するのが面倒だからと送信しないでガマンするのはナンセンスです．ならば，チューナを活用してバンド内のどこでも交信できるようにしてしまいましょう．

■ 屋外設置型ATUとの違い

ロング・ワイヤ・アンテナの紹介で登場した屋外設置型ATU（**写真2-33**）は，アンテナ直下に取り付けてチューニングを行う，それそのものがアンテナのマッチング回路として動作するようなイメージです．

一方で，無線機内蔵または無線機の直近に付け

るアンテナ・チューナ（**写真2-32**）は整合がずれたアンテナを無線機のそばで整合させる補助的な装置といえ，同じチューナという呼び方でも動作が異なります．

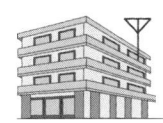

2-4　V/UHFアンテナ・スタイル

　V/UHFのアンテナの中でも144MHz以上のアンテナは，大きさもほどほどで設置しやすいといえます．V/UHFの伝搬特性の関係を考えても，特にマンションの上層階で見晴らしが良い環境なら，一戸建ハムではまず味わえない「飛び」を実感でき，人口が多い都市部では交信相手にこと欠きません．

　たとえ見晴らしが悪くても，小規模な設備でも交信できるアナログ・レピータ，D-STARデジタル・レピータを使った全国規模の交信，WIRESなどの通信経路の途中にインターネットを使った通信などV/UHFだからできる楽しみもあります．

　次に，アパマン環境でお勧めのアンテナをピックアップします．

① モービル・ホイップ流用

　モービル運用が盛んなV/UHFだけあって，モービル・アンテナの市販品には豊富なラインナップがあります．これを利用しようという作戦です（**写真2-34**）．特徴としては……．
① HF用のモービル・ホイップでは必ず必要となる調整も144MHz以上のものはその作業すら不要
② ホイップ・アンテナなので原則として高周波グラウンド（アース）が必要になるが，波長が短いぶん，アースが不要な½λタイプのラインナップも多数
③ マルチバンド・モービル・ホイップとモノバンドのそれとの性能や使い勝手の違いはわずかなので，HFのときのようにモノバンド・モービル・ホイップにこだわる必要はない

写真2-34　バルコニにモービル・ホイップを取り付けた例

　以上のようにHF/50MHzでは気にしなければならなかったことがV/UHFならほとんど気になりません．アンテナ設置に関しての敷居が低く入門しやすいバンドです．

② グラウンド・プレーン（GP）アンテナ利用

　V/UHF（144MHz以上）での固定局用のアンテナとして八木アンテナと並んで定番なのがこのグラウンド・プレーン・アンテナです（p.56の**写真2-35**）．一般的に垂直のエレメント（放射器）の最下部に3本のラジアル（地線）と呼ばれる棒がついているタイプが多いので，高周波アースを別途施工する必要がありません．ただし，アパマンのバルコニに設置する際には，バルコニに出入りする人への配慮の観点から，壁や手すりからラジアルの長さぶんを離すことをお勧めします．

　あえてラジアルがない設計にした製品もあります．

写真2-35 マンションの手すりにV/UHF用アンテナを取り付けた例

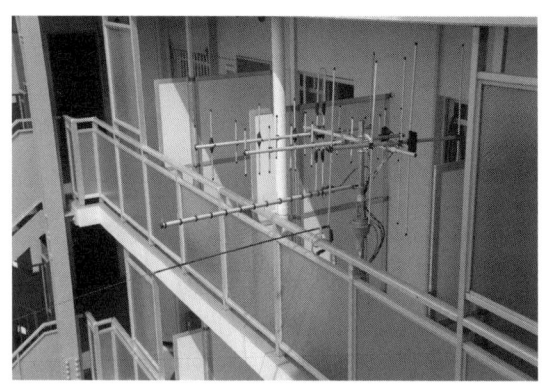

写真2-36 バルコニにに八木アンテナを設置した例

③ 八木アンテナ

マンションのバルコニーにアンテナを設置した場合，建物がある側に電波を出しても飛びは良くないので，八木アンテナを使って，バルコニーの開口方向側に電波を集中して出すという方法もあります（**写真2-36**）．既出の① モービル・ホイップや② GPアンテナのような指向性がないアンテナと比べて，バルコニーの開放方向からの電波を主に受信し，そしてその方向に集中して電波を出すので，飛びが期待できます．

また，V/UHFで八木アンテナを使うと反射による伝搬を実感しやすくなり，それを理解，活用すればより遠くの局と交信することも可能です．

例えば，アパートやマンションから平野や盆地の端にある山岳（東京地方の例では丹沢や富士山）が見える場合，その方向に八木アンテナを向ければ山岳に反射した電波が飛び込んできて，アンテナを向けた方向ではない地域との交信も楽しめる可能性も高まります．

アンテナは「ローテーター」と呼ばれる装置を使って，屋内からリモコン操作で回転させると便利です．マンションのバルコニーに設置した場合，本来，360°回転するうち，バルコニーの開口側の約180°が実用的な範囲ですが，たとえ180°以下の範囲に限られても，自由自在に回せると楽しさも広がることでしょう．

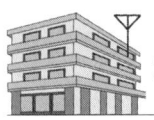

2-5 V/UHFアンテナ施工例

モービル・ホイップの施工例

アンテナのタイプ別施工例【HF/50MHz編】（p.46）で紹介したように「大型パイプ取付基台」や「キャリア用基台」でバルコニーの手すりなどに取り付ける方法がお勧めです

最も簡単な方法は高周波グラウンドが不要な「ノンラジアル」のモービル・ホイップの利用です．

あえて高周波グラウンド（車体アース）が必要なモービル・ホイップを利用するなら，手すりをアース代わりにするか，おおよそ1/4λの長さの導線（430MHzで 約17cm，144MHzで 約50cm）を基台につないで大地と並行に張ると効果的です．長さが異なる複数の導線を張っても大丈夫です．

V/UHFのモービル・ホイップを突き出さずに設置する程度なら，賃貸アパマンの貸主や分譲マ

第2章　アパマン・ハムのアンテナと施工例

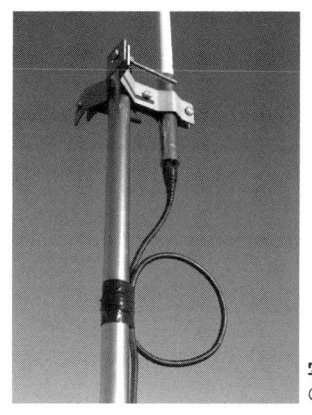

写真2-37　GPアンテナの取り付け部(例)

写真2-39　BS/CSアンテナ取り付け金具(例)

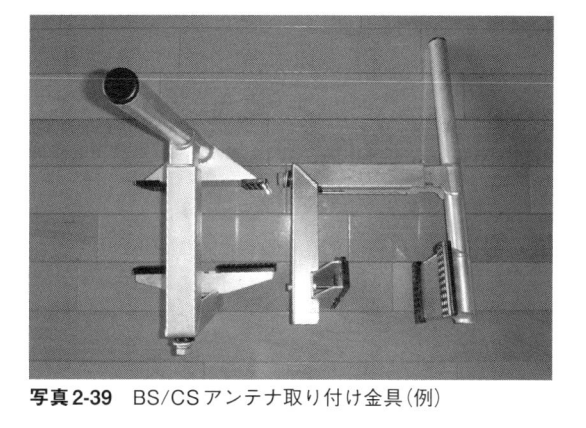

写真2-38　単管パイプやテレビアンテナ用のマストを利用して取り付ける．Uボルトなどの取り付け金具はホームセンターなどでも扱いがある

写真2-40　無線機器販売店オリジナル金具(例)
これは秋葉原の「ロケットアマチュア無線本館」で購入したもの

ンションの管理組合でも常識的な範囲内の設置物として理解してもらえるケースもあるかもしれません．

GPアンテナの施工例

ラジアルが横に突き出ているグラウンド・プレーン（GP）アンテナは，安全面からも手すりやバルコニの柵からそのぶん離すか，ラジアルが人の顔などに触れないような位置に設置します．

■ 取り付けにはマストが必要

GPアンテナの場合，取り付け部が大地に対して垂直に設置したマストと呼ばれるパイプ（外径は$\phi 25$〜$\phi 50$ほど）に取り付ける構造（**写真2-37**）なので，次のように取り付けるとよいでしょう．

① パイプを用意して取り付ける

移動運用用のマストやホームセンターで入手できるTVアンテナ用のマストをバルコニにUボルトで固定します（**写真2-38**）．ラジアルがバルコニ内に飛び出すと危険な場合は，ラジアルがないタイプ（**写真2-35**）を使うとよいでしょう．

② BS/CSアンテナなどの取り付け金具を流用

衛星放送（BS/CS）受信用のパラボラ・アンテナを壁から離して取り付けられる，各バルコニの形状に合わせた取り付け金具（**写真2-39**）がホームセンターや家電販売店で売られているので，それを流用して壁から離して設置します．

③ アマチュア無線機器販売店オリジナル金具

アマチュア無線機器販売店でアマチュア無線のアンテナ用に設計された金具（**写真2-40**）も売ら

アパマン・ハム入門 | 57

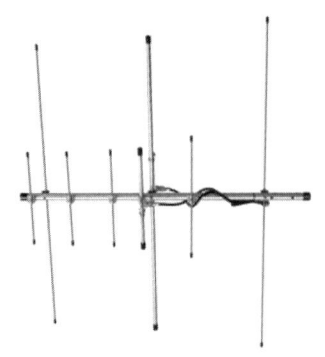

写真2-41 アパマン・ハムを意識した八木アンテナの例（コメット CYA2375）

写真2-42 マストに直接取り付けられる小型ローテーター（コメット CRT-7）

れているので，それを流用します．

八木アンテナの施工例

八木アンテナにもアパマン・ハムを意識した製品（**写真2-41**）があります．

施工のポイントは，アンテナ自体は軽量ですが，荷重が一方向にかかるので，マストの取り付けが強固になるように工夫することです．できればバルコニの構造体に2点で留めて加重を分散させることをお勧めします．

アンテナを回転させることができるローテーターもマストに取り付けられるタイプがあります（**写真2-42**）．強固なマストが組めるなら，ローテーターの活用もよいでしょう．

2-6 施工上のポイント【共通事項】

同軸ケーブル類の引き込み

アンテナと無線機をつなぐ同軸ケーブルはバルコニから無線機までの間にどうしても通らなければならない難関があります．それは，屋内外を隔てる壁です．次の三つの方法が考えられます．

① エアコン配管用の穴を利用

最近のアパマンではエアコンを各居室に設置することも珍しくないために，バルコニに接する各部屋ごとに一つ以上の穴があいているので，それを利用すると便利です．すでにエアコンの配管が通っているところでも，そのすきまから通すことができます（**写真2-43**）．

屋外側に配管カバーが施工されていることもあるのでその場合は配管カバーを外して配線してから，カバーをちゃんと戻せばケーブルの劣化防止，雨水の浸入も防止できます．ケーブル・テレビの同軸ケーブルもこの穴から通すケースもあるほど

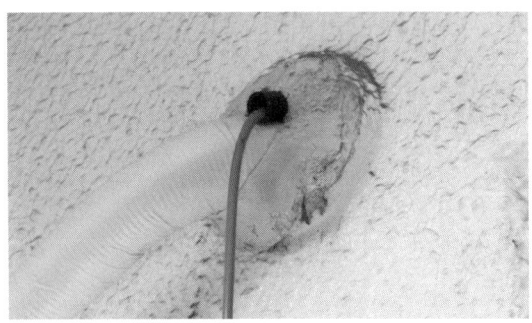

写真2-43 エアコンの穴を利用して同軸ケーブルを通したようす．雨水が浸入しないようにケーブルに勾配をつけながら通す

第2章　アパマン・ハムのアンテナと施工例

写真2-44　サッシを開けた隙間から通したようす．補助キーの利用やすきま風対策が必要

写真2-45　隙間ケーブル　コメット「ウィンドウ　スルー　ケーブル」CTC-50M の使用例

メジャーな方法なので，できる限りこの方法をお勧めします．

② 窓やサッシを少し開けて通す

　古いマンションやアパートにはエアコン用の穴が各部屋ごとに開いていないケースもあります．また，エアコン用の穴が狭いなどの場合は，サッシを少しだけ開けてケーブルを入れ込むのも一つの方法です（**写真2-44**）．サッシが半開きになり既設の鍵ではサッシが閉まらなくなるので，補助キーをサッシのキーの代用にします．また，開いてしまったサッシのすきまから「すきま風」が侵入します．その対策も必要です．

③ 隙間ケーブルを活用する

　バルコニへの出入りに利用しているサッシなど，サッシに既設の鍵を使わないと不便になる場合などは，アマチュア無線用の「隙間ケーブル（**写真2-45**）」を活用して引き込むとよいでしょう．

安心のために

■ 部品やアンテナ本体の落下防止

　アパマン・ハムに限らず，アンテナの落下対策や施工時の部品や工具の落下には十分注意すべきです．特にモービル・ホイップを利用した場合，脱着時が最も危険です．あらかじめバルコニの手すりに，ある程度の長さの紐でつないでおくなど，万が一ホイップが手から滑り落ちても大丈夫なような対策が考えられます．

　アンテナ施工時にも工具やボルト/ナット類が滑り落ちてもキャッチできるように，施工時だけ網を張るなどの対応も有効でしょう（**写真2-46**）．事故が起こってからでは手遅れです．

写真2-46　落下防止対策をしっかり行っている取り付け工事のようす

第3章

チューナの活用

第2章でさまざまなタイプのアンテナを紹介しました．中でも短縮率の高いアンテナは利用可能な周波数の範囲が狭いので，チューナの利用がお勧めです．また，適当な長さのワイヤを使ったアンテナには屋外設置型のチューナがよく使われています．この章では，SWRとアンテナの関係，屋外設置型チューナを使ったアンテナの事例をより詳しく紹介します．

3-1 チューナは積極的に使おう

　HFで運用する場合，設置したアンテナのSWRが思い通りに下がらないときや，たとえ下がっても運用できる帯域が狭い場合，何かと不便です．

　そのようなときに，チューナをトランシーバとアンテナの間に設置し（**図3-1**）または，トランシーバ内蔵チューナを利用すれば，チューナをちょっと調整するだけで，気持ちよくSWRが下がった経験をお持ちの方も多いと思います．SWRメータの針が振れない状態（SWR=1.0）においては，安心感に満たされた運用が楽しめます．

　このように万能な道具に見えるチューナですが，SWRを下げるのはアンテナ側で行うのが基本で，チューナを使ってSWRを下げるのは最後の手段であるとも言われています．ただ，限られた環境の中で運用するには，ある程度の妥協も必要です．理想を追い求めすぎてアクティビティが下がってしまっては本末転倒ではないでしょうか．

　さて，チューナに話を戻します．10〜20年前の

図3-1 一般的なチューナの設置場所

60　アパマン・ハム入門

第3章 チューナの活用

写真3-1 いろいろなタイプのチューナ
左から，屋外型チューナ(東京ハイパワー HC-200ATF)，手動チューナ(コメット CAT-10)，自動チューナ(八重洲無線 FC-30)

アマチュア無線全盛期には数多くのチューナが発売されていました．そのほとんどが各トランシーバに合わせたデザインの物で，機能的な面での違いは少なかったようです．ところが，最近は，トランシーバ・メーカーから販売されているチューナは減りましたが，国内外の専門メーカー（たとえばアンテナ・メーカーなど）からさまざまなチューナが販売されるようになり，選択肢が増えています（**写真3-1**）．

昔のように，見た目が異なるだけならよいのですが，アンテナの種類によっては使うべきチューナが異なる場合があるので，チューナ選びにも注意が必要です．

*SWR*を下げる必要性を理解しながら，チューナを選ぶためのポイントについて，詳しく解説していきたいと思います．

3-2 *SWR*が高いと，なぜ困る？

チューナを使う目的とは，「*SWR*を下げるため」，理由として「電波の飛びを改善するため」と答える方が多いと思います．

冷静になって考えてみます．*SWR*が高くなると，何が悪くなるのでしょうか？ 本当に*SWR*が下がると電波の飛びはよくなるのでしょうか？ 簡単なようで，複雑なこの問題について考えてみます．

① ロスが増える

SWR=1のときはすべての送信電力が進行波としてアンテナへ送られます（**図3-2**），*SWR*が高くなるにつれ，アンテナからの反射波が増えてアンテナへからの出力は減ります（p.62の**図3-3**）．

進行波と反射波の比を数値化したものが*SWR*で，p.62の**図3-4**の式から導き出すことが可能で

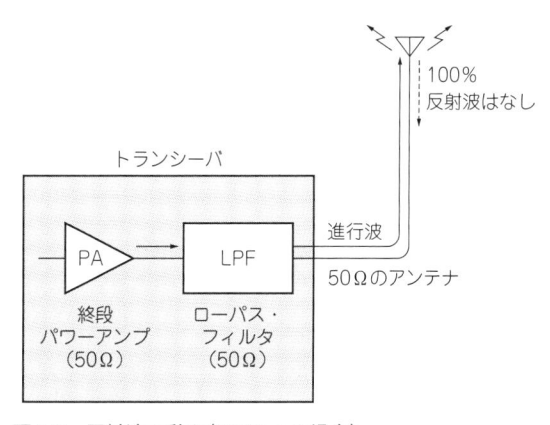

図3-2 反射波の動き(*SWR*=1 の場合)

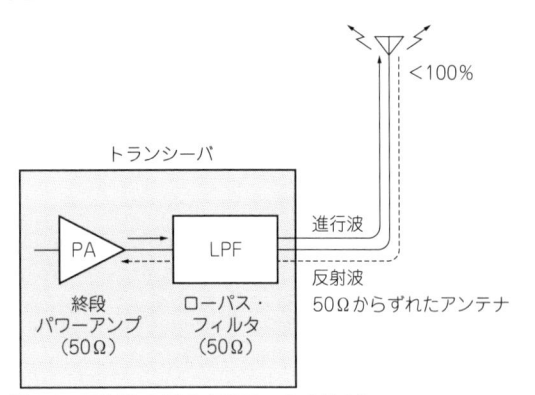

図3-3 反射波の動き（$SWR \neq 1$の場合）

$$SWR = \frac{\sqrt{P_f} + \sqrt{P_r}}{\sqrt{P_f} - \sqrt{P_r}} = \frac{V_f + V_r}{V_f - V_r}$$

P_f：進行波電力　V_f：進行波電圧
P_r：反射波電力　V_r：反射波電圧

図3-4 SWRを求める式

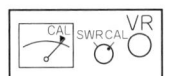

CALモードでVR（ボリューム）を調整してCALの位置にメータの針をあわせる（進行波$V_f=1$とする）

SWRモードでメータの振れが中央の場合（反射波$V_r=0.5$となる）

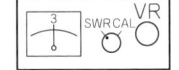

$$SWR = \frac{V_f + V_r}{V_f - V_r} = \frac{1+0.5}{1-0.5} = \frac{1.5}{0.5} = 3$$

メータや整流回路（ダイオード）の特性が比例しない場合が多いので，中央より左に$SWR=3$の目盛りがあることが多い

図3-5 SWRメータの動作例

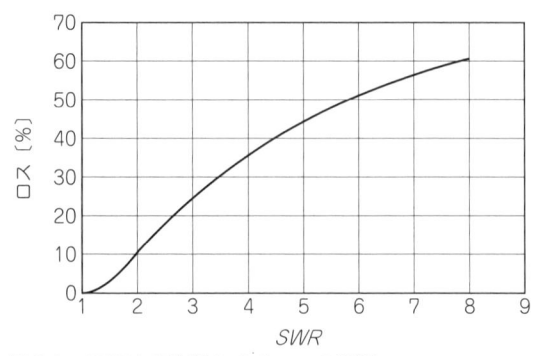

図3-6 SWRと反射波によるロスの関係

$$W = I \cdot E = \frac{E^2}{R}$$

Rは50Ωで一定とすると
Eが$\frac{1}{2}$になるとWは$\frac{1}{4}$になる

図3-7 電圧（E）と電力（W）の関係

す．例えば，$SWR=3$の表示がメータの中央付近にあるのはこの関係に由来します（**図3-5**）．

実際にSWRが高くなると，どれくらいロスが増えるのか，ワット数を基準にグラフ化したのが**図3-6**です．例えば，$SWR=1.5$なら4％，100Wなら4Wのロスです．$SWR=3$なら25％になります．先ほどのメータの説明では$SWR=3$の場合，メータの触れが半分だったので50％と思いたいところですが，メータは電圧比で表示されているので，ワット比に変換すると1/4になります（**図3-7**）．

アンテナ・システムの全体で見ると，SWRに関係なくチューナや同軸ケーブルの中を電波が通るぶんだけでも結構な出力が消えていきます（**図3-8**）．SWRによるロスは思いのほか少なく感じるかたも多いのではないでしょうか？ HF帯の運用では$SWR=2$以下なら気にしない，という方も多くいます．

② 送信出力が下がる

トランジスタやFETなどの半導体で終段の高周波増幅回路（終段パワー・アンプやファイナルともいう）を構成している場合，出力のインピーダンスが50Ωに固定されています．また，同軸ケーブルも50Ωに固定されているため，SWRが高くなるとシステム全体のインピーダンスが狂ってきます．

SWRからアンテナのインピーダンスを求めることもできます（**図3-9**）．例えば，$SWR=1.5$の場合，アンテナ側は75Ωまたは33Ω．$SWR=2$の場合は，アンテナ側は100Ωまたは25Ωになります．

アンテナのインピーダンスが狂うと（50Ωからずれると）トランシーバの終段の高周波増幅回路

第3章　チューナの活用

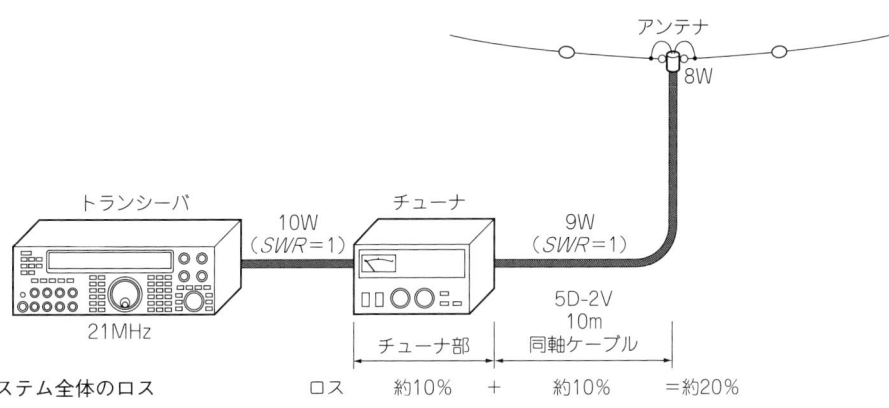

図3-8　アンテナ・システム全体のロス

$$SWR = \frac{Z_a}{Z_o}（Z_a > Z_o の場合）$$
$$= \frac{Z_o}{Z_a}（Z_o > Z_a の場合）$$

無線機のインピーダンス：Z_o
アンテナのインピーダンス：Z_a

図3-9　SWRとインピーダンスの関係

に負担がかかり，最悪の場合は故障するので，自動的に出力を低下させる保護回路が動作します（**図3-10**）．この保護回路は，おおよそ $SWR=3$ 付近を境目に動作することが多いため，SWRが高くなると送信出力が強制的に抑制され，電波の飛びも急激に悪化します．

終段の高周波増幅回路が真空管式の場合は，送信ごとに調整する必要があったので，多少のインピーダンスの違いを補正できました（**図3-11**）．見かたを変えると，簡易的なチューナが内蔵されているとも解釈できます．また，真空管は頑丈なので，保護回路はなく，壊れる（劣化する）まで最大出力を維持できます．

チューナは真空管の全盛期にはあまり考える必要がない装置だったと思いますが，終段の高周波増幅回路に半導体が使われるようになってから事情が変わりました．

③ トランシーバの動作が不安定になる．

SWRが高くなると，50Ωで設計されている回

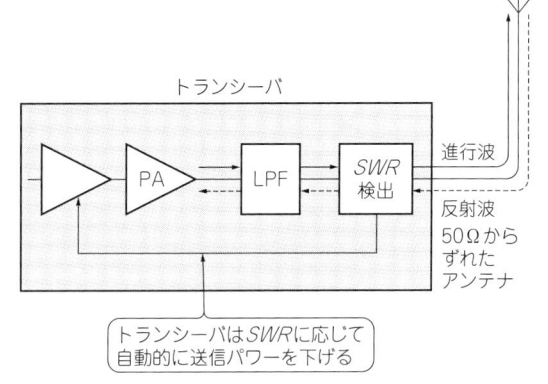

図3-10　反射波による保護回路の働き

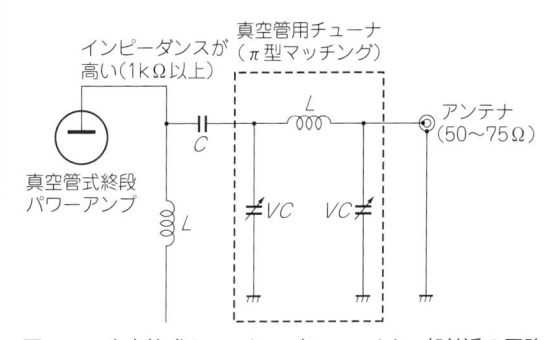

図3-11　真空管式トランシーバのファイナル部付近の回路

路が不安定になりやすいため，p.64の**図3-12**のようなトラブルが発生することがあります．

回路が異常発振すると，送信音声が異常にひずんで聞こえたり，声を出していなくても出力が出ていたりなど，不思議な動作をします．

万が一発生すると，トランシーバや周辺機器が

アパマン・ハム入門 | 63

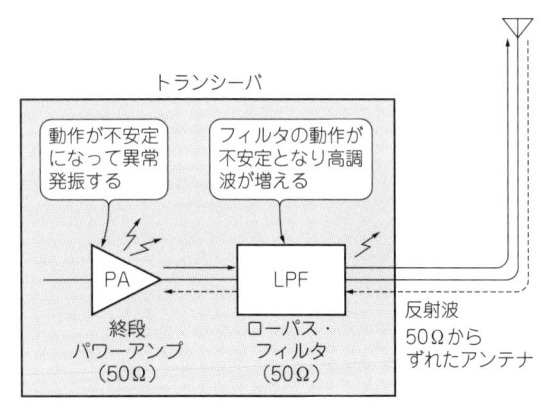

図3-12 反射波による誤動作

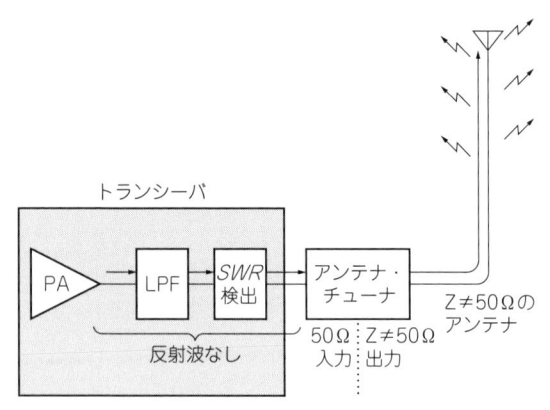

図3-13 50Ωから外れたアンテナの動作

奇妙な動作を行うこともあり，自分の設備だけならまだしも，高調波を抑制するローパス・フィルタの性能が低下するので，高調波が増え，外部への電波障害の発生源となる可能性があります．症状が出ないと，まったく気がつかない部分ともいえます．

昔のトランシーバなら，回路も単純で症状も単純でしたが，最近はコンピュータを含めて構造が複雑になり，出てくる症状が多彩になってきています．

④ 同軸ケーブルもアンテナの一部になる

同軸ケーブルは50Ωで動作するように設計されているので，電波の漏れと，ロスが増えてきます（**図3-13**）．

特に同軸ケーブルからの漏れ電波については，同軸ケーブルがアンテナの一部として動作するため，電波障害の発生源になったり，周辺のノイズを受信しやすくなります．使用しているアンテナのタイプや，同軸ケーブルの長さ，周辺の環境により，顕著に現れる場合もありますが，顕在化していない場合がほとんどかもしれません．

チューナの効果のまとめ

SWRが高いと，顕著に現れる問題と現れない問題，とにかくいろいろな悪影響があることが判りました．

最近のトランシーバは，チューナを利用すれば得られる複数のメリット（**図3-14**）を期待して，トランシーバと一体化（内蔵）する製品が珍しくありません．

アンテナ側を調整するのが本筋で，チューナの利用には抵抗がある方もいるかもしれません．しかし，現実の問題として住居環境の変化に伴い，マンションから運用されている方が増えてきており，アンテナを小型化する必要があるため，昔以上にチューナを使って積極的にマッチングを補う方が増えているといえるでしょう．

さらに，チューナという名前がついていますが，アンテナの一部（マッチング回路）として動作させる屋外型チューナも一般化していて，チューナの活用と解釈の範囲が広がりをみせています．

SWRは目で見て簡単に評価できますが，そのほかの項目については，各種の要因が複雑に働いた結果ですので，設置環境により効果に大きな違

- ●受信時のノイズが減る
- ●電波の飛びが良くなる
- ●電波障害が低減する

図3-14 チューナを取り付けるメリット

いがあります.

なかなか実感できない方も多いと思います. あくまでも効用は目安であり, 過剰に期待することはできませんが, 長い目でみて上手に付き合っていると, 必ず得することがあると思います.

3-3 チューナの分類

ここでは, カタログや説明を見聞きして, チューナを正しく選定するために知っておきたい内容を解説します.

20～30年前はトランシーバの横に設置して, 手動で調整し, 同軸ケーブルで給電するアンテナに対して使うものしか市販されていなかったので, 選定に迷うことはありませんでした. 操作についても, 多少複雑でしたが, 正面パネルにあるダイヤルやメータについてはメーカーが違えども機能はほぼ同じだったので, 操作性にも統一感がありました.

最近では弁当箱のような物や, トランシーバに内蔵されて姿の見えない物, 操作するためのスイッチやメータがない物が増え, 名前が同じでも見た目に大きく違うほか, 製品名だけでは理解できないことが増えてきています.

回路から見た分類

チューナの回路の目的は, トランシーバのインピーダンス（50Ω）とアンテナのインピーダンスを整合することにあります.

インピーダンスを整合するため, コイルとコンデンサを組み合わせますが, その組み合わせは複数あり, トランシーバ用のチューナとしては**図3-15**に示す回路のうちのいずれかが使われています.

図3-15（**a**）はT型回路です. バンド・パス・フィルタとしての効果が高く, コイルについても周波数ごとに値が定まるので, 使う周波数がわかれば, 周波数に応じて, コイルをスイッチで切り替えて, 二つのコンデンサを調整するだけです. このタイプは昔からあるトランシーバと同軸ケーブルの間に入れるチューナの回路によく採用されてきました. 基本は50Ωを基準にインピーダンスを変換するのに適しています.

図3-15（**b**）, **図3-15**（**c**）のL型回路については, 入力と出力のインピーダンスの関係によりコンデンサを入れる場所を変えています. コンデンサの

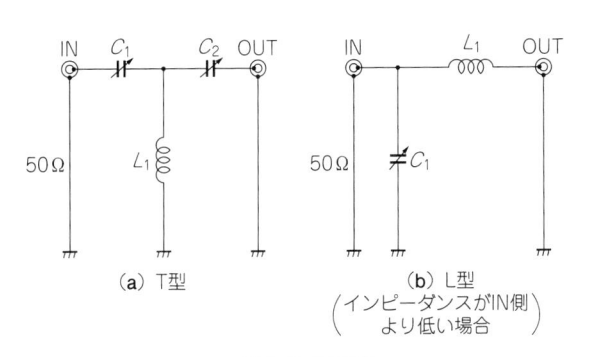

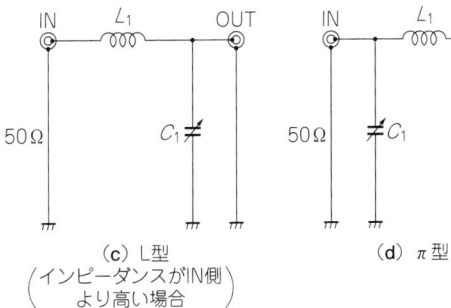

(a) T型

(b) L型（インピーダンスがIN側より低い場合）

(c) L型（インピーダンスがIN側より高い場合）

(d) π型

図3-15 チューナの代表的な回路

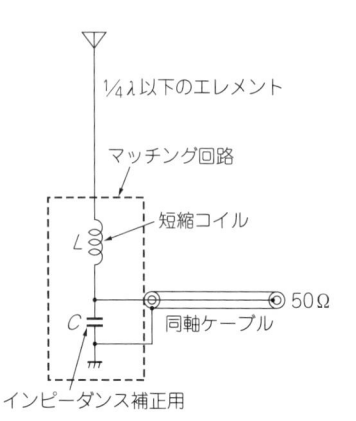

図3-16 短縮型ホイップ・アンテナの回路

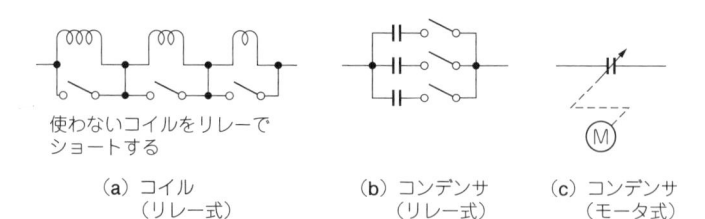

（a）コイル（リレー式）
（b）コンデンサ（リレー式）
（c）コンデンサ（モータ式）

図3-17 コイル・コンデンサの可変方法

写真3-2 ツマミとスイッチでコイルとコンデンサを可変している

写真3-3 リレーを使って，複数のコイルとコンデンサを組み合わせて，可変させている

切り替えを省いた形がp.65の**図3-15（d）**に示すπ型回路で，動作はほぼ同じです．

これは，インピーダンス変換能力が高いのが特徴で，回路をよく見ると，**図3-16**のような短縮型ホイップ・アンテナのマッチング回路と同じです．ロング・ワイヤ・アンテナ用のチューナが，このタイプの回路を使っていると思われます．

調整のためにコイルとコンデンサを可変する必要がありますが，昔は手動で操作する物が多かったため，コンデンサはシャフトの付いた可変型の物を使い，コイルはスイッチで切り替えていました（**写真3-2**）．

自動で調整するタイプでは，マイコン制御などにより**写真3-3**，**図3-17**のようにリレーやモータを使って可変する手法が使われています．チューナ回路は単純ですが，高周波が通る装置で高圧が加わり，回路を通過するときの問題もあるので，奥が深い装置です．

設置場所から見た分類

チューナの挿入場所は3パターンあり（**図3-18**），大きく分けて屋内型と屋外型になります．屋内型［**図3-18（a）**］はトランシーバの横に並べて使うもの（**写真3-4**）とトランシーバ内蔵型の二つがあり，これらは，p.65の**図3-15（a）**のT型回路が使われていることがほとんどです．アンテナ側には**図3-19**のようなアンテナを想定していて，チューナの出力には同軸ケーブル用のM型コネクタが取り付けられています．

第3章　チューナの活用

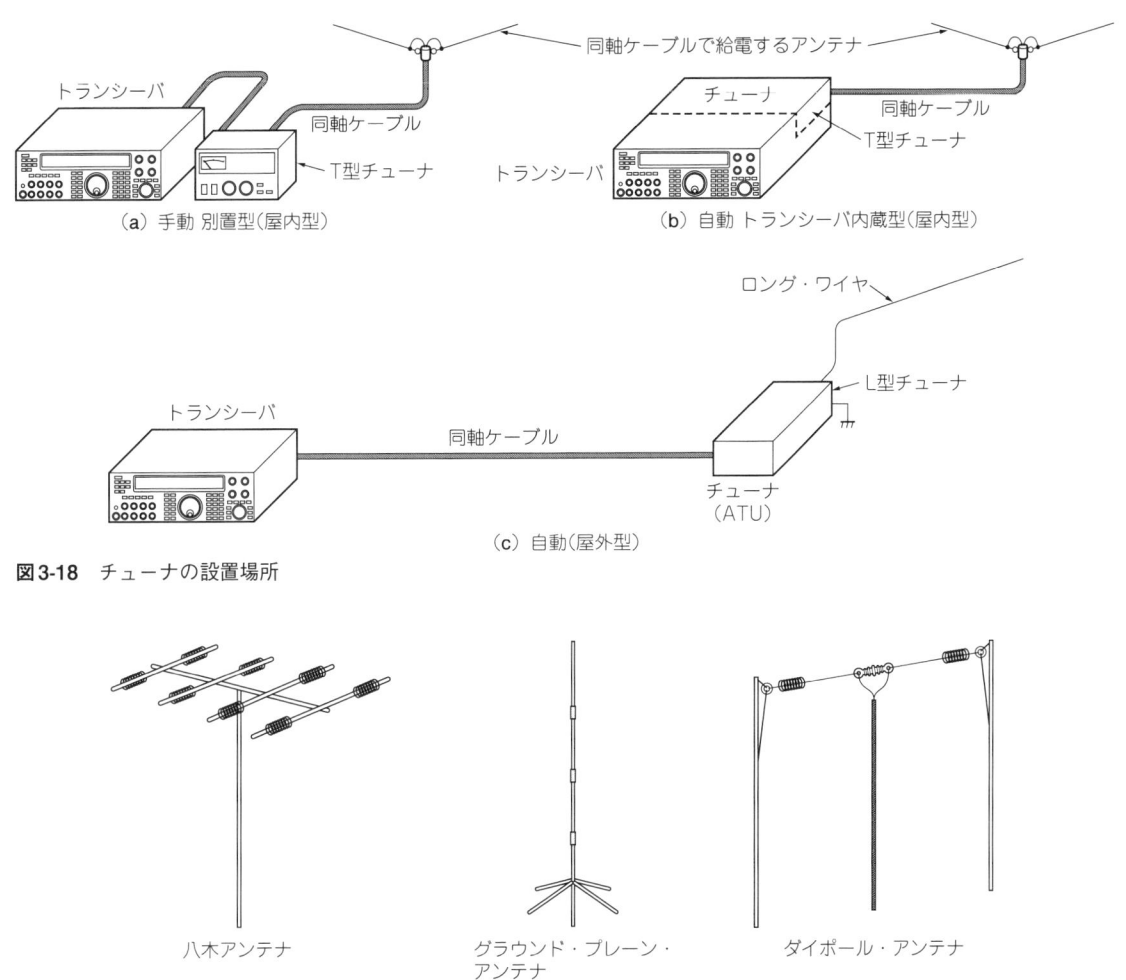

図3-18　チューナの設置場所

(a) 手動 別置型（屋内型）
(b) 自動 トランシーバ内蔵型（屋内型）
(c) 自動（屋外型）

図3-19　同軸ケーブルで給電するアンテナ

八木アンテナ　　グラウンド・プレーン・アンテナ　　ダイポール・アンテナ

　使い方としては，短縮したアンテナ（p.68の**図3-20**）のようにSWRが低い帯域が狭い場合，SWRが低い帯域をずらすために使われます（p.68の**図3-21**）．

　屋外型［**図3-18**（**c**）］は，弁当箱のような形をした，防水タイプのオートマチック・アンテナ・チューナ（p.68の**写真3-5**）で略して「ATU」と呼ばれているものです．回路はp.65の**図3-15**（**b**）とp.65の**図3-15**（**c**）のL型の組み合わせで動作するものがほとんどで，ロング・ワイヤ・アンテナ専用チューナの位置づけなので，アンテナ側は碍

写真3-4　トランシーバの横に置くタイプの屋内用手動チューナの例

子付きのネジ端子のみです．

　これらの情報を元に一部の市販チューナを回路別にまとめました（p.68の**表3-1**）．組み合わせは

アパマン・ハム入門　67

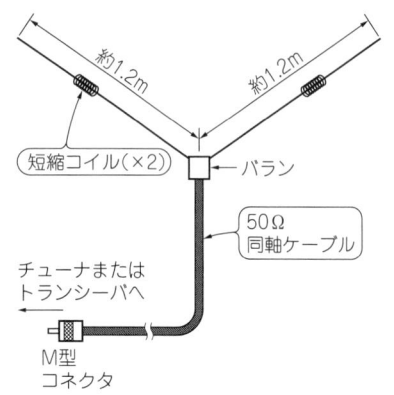

図3-20 短縮ダイポール・アンテナの例（21MHz用）

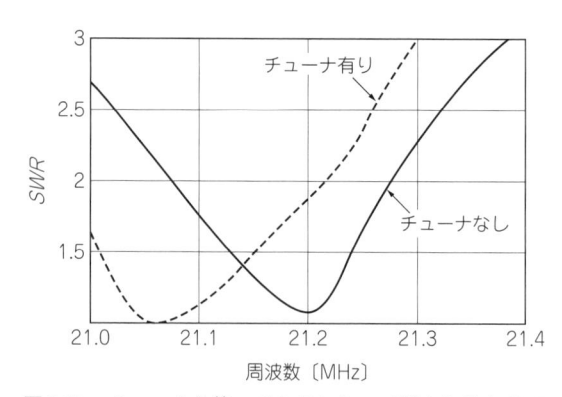

図3-21 チューナを使ってトランシーバ側から見たSWR特性を変化させる

表3-1 チューナのタイプ別一覧表

タイプ	場所	自動チューナ	手動チューナ
T型	屋内	八重洲無線 FC-30 （トランシーバ内蔵型）	MFJ MFJ-902B （外付け型）
	屋外	—	—
L型	屋内	—	MFJ MFJ-16010
	屋外	八重洲無線 FC-40 アイコム AH-4 アルインコ EDX-2 東京ハイパワー HC-200ATF CGアンテナ CG-3000	—

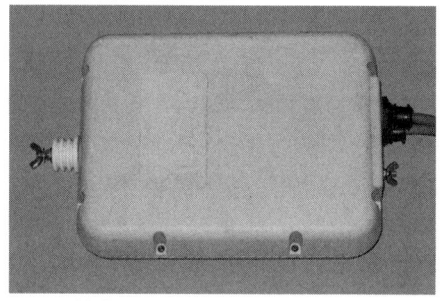

写真3-5 屋外設置型オートマチック・アンテナ・チューナ（ATU）の例（アイコム AH-4）

いろいろありますが，T型については屋外型が，L型は屋内型が市販品の大半を占めます．

よって，一般的には屋内型はT型チューナを，屋外型はL型チューナを指すといえるでしょう．ATUについては，トランシーバ内蔵タイプを除くと，外付けタイプについてはL型が主流です．

回路が不明でも，**図3-22**のように取扱説明書に記載されている定格を見るだけで両者の違いを確認することができます．

屋内型については同軸ケーブルを接続するT型マッチングを，屋外型はロング・ワイヤ・アンテナ用のL型マッチングとして考えるとスムーズに理解することができます．

少々調べてみましたが，さすがに市販品のT型の屋外用チューナと，L型の屋外用「手動」チューナは見つけることができませんでした．hi.

カタログを見る場合の注意

市販チューナのカタログや仕様書を見てもチューナの回路の構成は原則として記載されていません．また，アンテナ側の整合インピーダンス特性について記載がありますが，少々理解しづらい点もあります．

一番簡単な方法は，**写真3-6**，**写真3-7**のようにアンテナ接続側の端子形状を見てアンテナ側がコネクタであるのか，端子であるのか区別するのが一番簡単です．

コネクタなら同軸ケーブルで給電できるアンテナ，端子なら電線をつなげるロング・ワイヤ・アンテナ専用と判断します．

第3章 チューナの活用

```
規格
周波数範囲    : 1.8MHz～30MHz, 50MHz～54MHz
入力インピーダンス : 50Ω
最大定格入力電力  : 100W
整合時SWR    : 1:1.5以下
整合動作電力   : 4W～60W
整合動作時間   : 5秒以下
整合範囲インピーダンス: 1.8MHz～30MHz, 50MHz～54MHz:
           16.5Ω～150Ω
メモリーチャンネル数: 合計100チャンネル
電源電圧     : 直流13.8V±15%
動作温度範囲   : -10℃～+50℃
ケース寸法(突起物を除く): 80(幅)×45(高さ)×260(奥行き)mm
本体重量     : 約1kg
```

→ 使えるアンテナのインピーダンスSWRに換算すると3

[FC-30 取扱説明書より]
(a) T型チューナ(同軸ケーブル向け)

図3-22 チューナのタイプ別による定格表示の違い

エレメントの長さによる制約 →

```
規格
使用可能周波数: 1.8～54MHz (20m以上のワイヤー)
         3.5～54MHz (7m以上のワイヤー)
         7～54MHz (2.5m以上のワイヤー)
入力インピーダンス: 50Ω
最大入力電力 : 100W (連続分間)
整合後SWR  : 2.0:1以下
         (ワイヤー長が1/2λの整数倍では使用できません)
チューニング可能電力: 4～60W
チューニング時間 : 最大8秒以内
マッチングメモリー: 200個
電源電圧   : 13.8V DC±15% (トランシーバーから供給)
寸法     : 縦×横×奥行 228×175×55mm (突起物を除く)
重量     : 約1.2kg
```

← 耐電圧による制約

[FC-40 取扱説明書より]
(b) L型チューナ(ロング・ワイヤ向け)

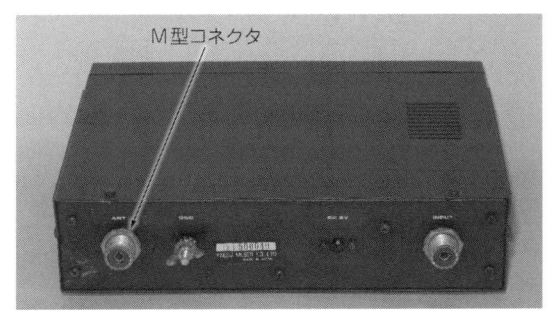

写真3-6 アンテナ側はM型コネクタになっている

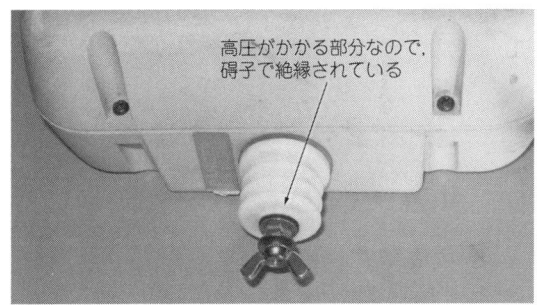

写真3-7 アンテナ側は碍子の上に端子台がある

■ それでも難しいチューナの分類

　トランシーバの横に置くタイプのチューナでも，背面にロング・ワイヤ・アンテナ用の端子が用意されているものがあります．L型より，ロング・ワイヤ・アンテナに対するマッチング能力は劣るかもしれませんが，電波を乗せることができます．チューナがトランシーバの近くにあると電波の飛びも悪いからと，屋外に置こうとすると，調整の手間と防水処理が必要になります．

　ところで，ロング・ワイヤ用の端子がなくても，同軸コネクタの芯線側のみに1/4λほどの長さのビニル線をつけて(**写真3-8**) アンテナとして張り，GND端子に高周波アースをつなぐとマッチングを取ることができます．工夫が必要ですが，GPやダイポール・アンテナの給電部に取り付けて使う方法もあります．

写真3-8 M型コネクタの心線部にビニル線を接続する

アパマン・ハム入門 | 69

■ ない物は作る

　市販品で欲しいタイプのチューナがなければ,部品を集めて自作するのも一つの方法です．手軽に移動運用で使ったり，1バンド用として防水ケースに収納して手軽に使えるチューナがなかったので自作しました．

構造が簡単なので，送信出力が低ければ，身の周りの部品でなんとか作ることができます（**写真3-9**, **写真3-10**）．欲しいものがなければ作る．これこそアマチュア無線の楽しみのうちの一つではないでしょうか．

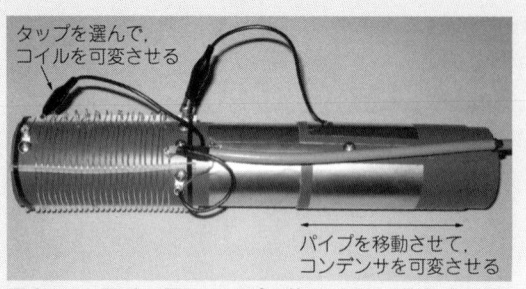

写真3-9　雨どい用のパイプを使って，コンデンサとコイルを構成して簡素化した．ロング・ワイヤ・アンテナ専用の手動チューナ

タップを選んで，コイルを可変させる
パイプを移動させて，コンデンサを可変させる

釣り竿にアルミ線 φ2を5mはわせる

写真3-10　5mの長さのエレメントで，7〜28MHzで安定して運用することができる
製作方法はCQ ham radio 2012年2月号 別冊付録に掲載

屋外設置型ATUの分類

　古くからプロの世界では存在していましたが，価格が高いためアマチュア無線では普及していなかったATU．近年のマイコンの小型化，低価格化，高性能化のおかげで，構造が簡単になったため，お求めやすい価格で販売されるようになり，現在，販売されている屋外型チューナのほとんどはこのタイプです．

　本来はロング・ワイヤ・アンテナ専用ですが，ひじょうに汎用性が高く，アンテナの直下に取り付けるなら，たいていの物に使うことができます．

　外見はプラスチック製，大き目の弁当箱のような装いで，各社ともにデザインとチューナとしての回路は似ていますが，自動で制御するための制御方法が微妙に異なるので，トランシーバとの組み合わせ（対応可否）を間違えると，使えない場合もあります．

　続いて，市販されているATUを接続方法別に3タイプに分けてみます．

■ メーカー専用タイプ［図3-23 (a)］

　同軸ケーブルと専用のコントロール・ケーブルをトランシーバの間に接続すると，トランシーバ本体のチューニング・ボタンを押すことにより，調整のプロセス（**図3-24**）が実行されるので，手間がかかりません．

　メーカーが動作を保証しているトランシーバと組み合わせて使う場合は，安心かつ安定して動きます．ただし，同じメーカーのトランシーバならすべて対応しているわけではないので，購入前に対応機種を調べるようにします．

■ 汎用タイプ［図3-23 (b)］

　あらゆるトランシーバに使えるように，チューナ専業メーカーが制御方法をいろいろ工夫しています．当初は制御線もありましたが，最近のモデルでは規定出力以下の連続的な送信波を与え，SWRが高い場合にチューニングする方法に変更されました．制御線も不要で最もシンプルなタイ

第3章　チューナの活用

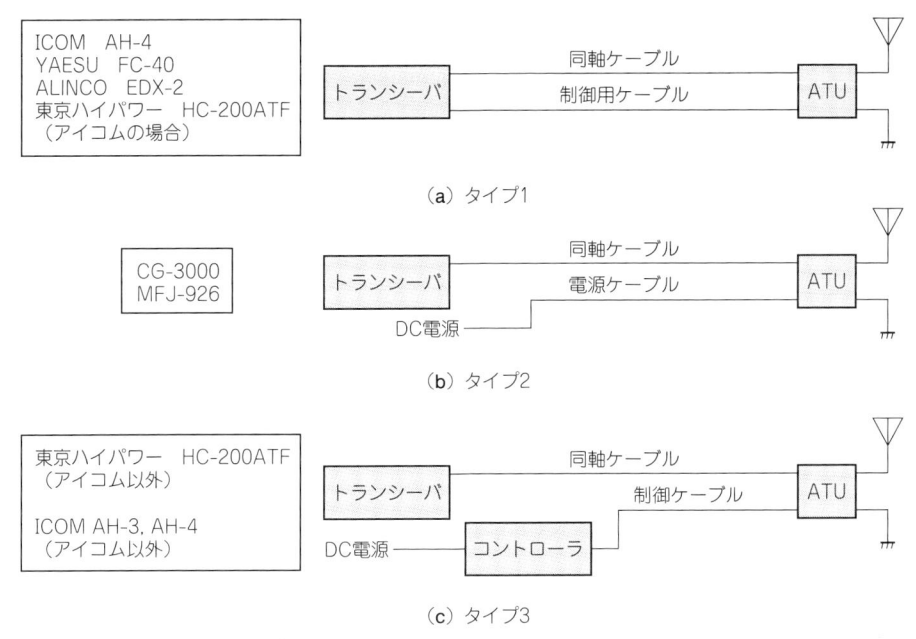

（a）タイプ1

（b）タイプ2

（c）タイプ3

図3-23　屋外型アンテナ・チューナの分類

プです．

　汎用性が高く，理想的なチューナですが，コントロール信号をキャリアの連続信号で代替しているので，少しだけ動作に癖があります．

■ **コントロールBOX増設型［図3-23（c）］**

　オプションまたは自作のコントローラを増設して汎用化する方法です．トランシーバのチューニング・ボタンを押すだけという手軽さはなく，汎用タイプと同じ使い勝手になります．

● **東京ハイパワー HC-200ATFの場合**

　例に挙げたHC-200ATFはオプションの「チューナーコントローラー，HTC-200ATF」を購入することで，出力5W以上のHFトランシーバで利用できるようになります

● **アイコム AH-3または AH-4の場合**

　アイコムAH-3およびAH-4はコントローラを自作することで出力5W以上のHFトランシーバで使えるようになります（p.72の**写真3-11**，**写真3-12**）．ただし，この方法はメーカーによる動作保証

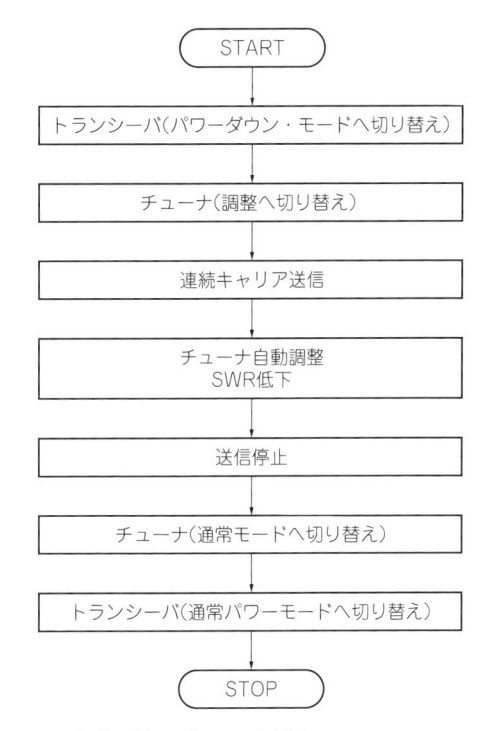

図3-24　自動調整のプロセス（手順）

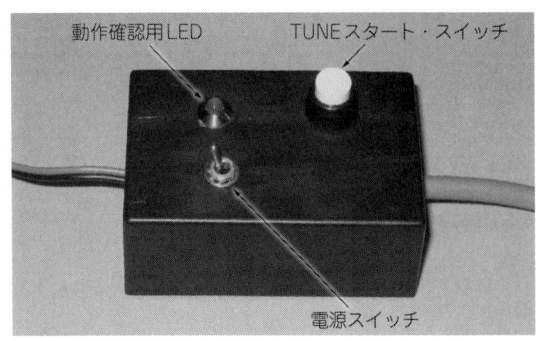

写真3-11 コントロール・ボックスの外見

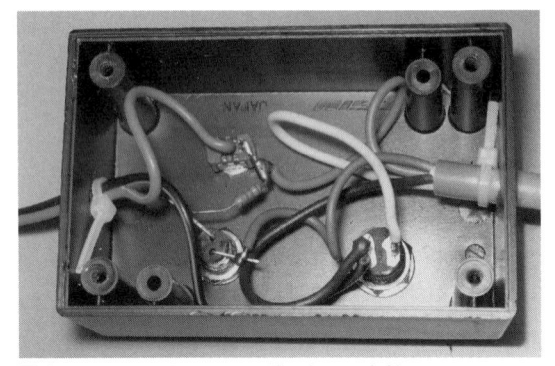

(動作確認用LED、TUNEスタート・スイッチ、電源スイッチ)

写真3-12 コントロール・ボックスの内部

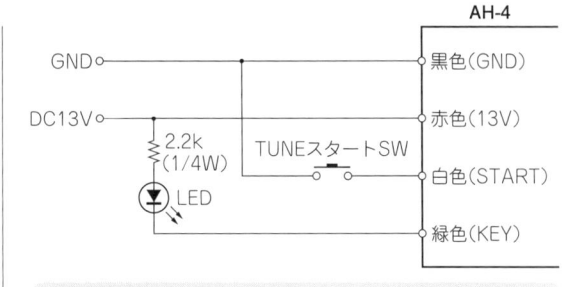

図3-25 アイコム AH-4 を汎用化するコントロール回路

① 送信出力を10W前後にセット
② LEDが点灯するまでTUNEスタートSWを押す（0.5s）
③ LED点灯と同時にTUNEスタートSWを離し，CW（10W）を送信
④ LED消灯を確認してCWの送信を終了する（2s前後）

やサポートはありません．すべてが自己責任です．

このしくみは，チューナに与える，チューニング開始信号を作るだけなので，簡単な回路で代替可能です（**図3-25**）．チューニング前後にトランシーバの操作が必要ですが，手動のチューナよりは格段に楽だと思います．

チューナ本体は中古でも見かけるので，専用品を汎用的に使う方法として最も有力です．

■ アパマン・ハム特有の悩み
ATUの騒音と対策

手動式ならまったく問題にならなかったことですが，ATU特有の「音」の問題があります．チューナの内部にある多数のリレーが出す動作音，「ガシャガシャ」という音が意外と気になることがあります．マンションのバルコニーに設置すると，音がバルコニーを伝って前後に大きく広がり，クレームの原因ともなります．利用頻度が高くなるようなら，**写真3-13**〜**写真3-18**のような防音対策を行うと効果的です．

写真3-13 ATUの例

写真3-14 ATUを通称「プチプチ」に数回巻く

第3章　チューナの活用

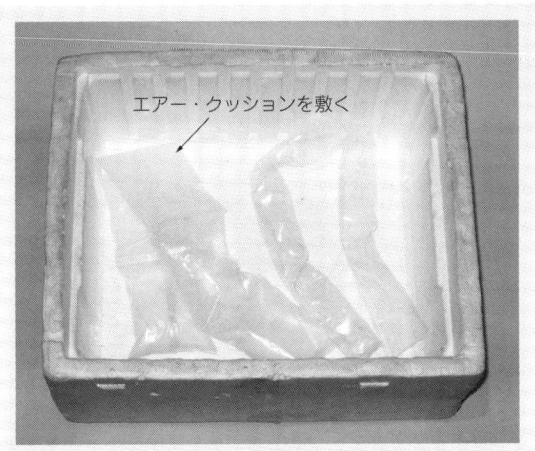

写真3-15　発砲スチロール製の保温ケースの下にエア・クッションを置く

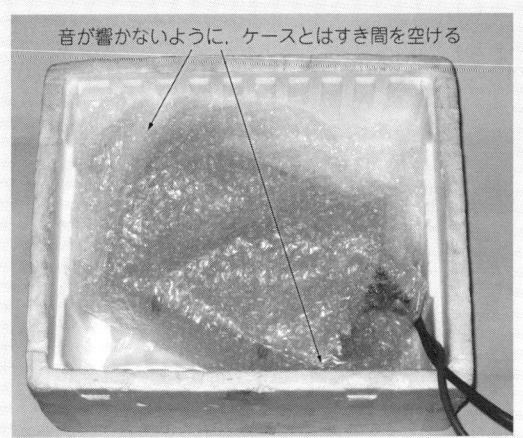

写真3-16　底のエア・クッションの上に，ATUを置く

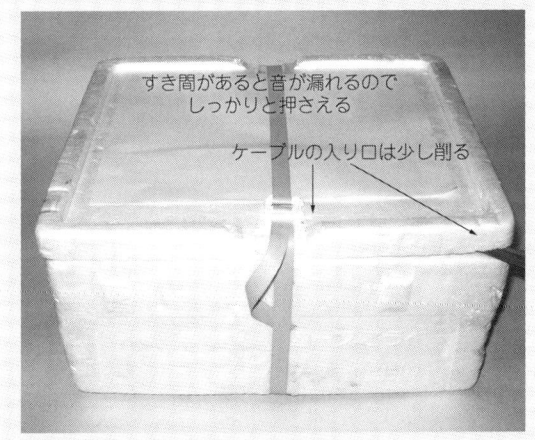

写真3-17　ATUを防音ケースに収納する

写真3-18　梱包用のバンドでフタをしっかり固定する

3-4　屋外設置型ATUの使い方

　調整プロセスの自動化に伴い，屋外にチューナが設置できるようになったため，最も使い方が多様になった分野です．

　チューナの回路はいじらずとも，使い方は発展途上であり，日々いろいろな使い方が発表されていますが，代表的なものを紹介します．

ロング・ワイヤ・アンテナで使う

　昔から教科書的に紹介されていますが，都合のよい長さの導線に電波を乗せます．高性能とは必ずしも言えませんが，1本の線に電波を乗せて多くのバンドで運用できる点が評価され，多くの方が利用しています．

```
チューナ ———[エレメント]
     (a) エレメント長½λ以下

チューナ ———————[エレメント]
     チューナに高圧が加わる
     (b) エレメント長½λの倍数
```

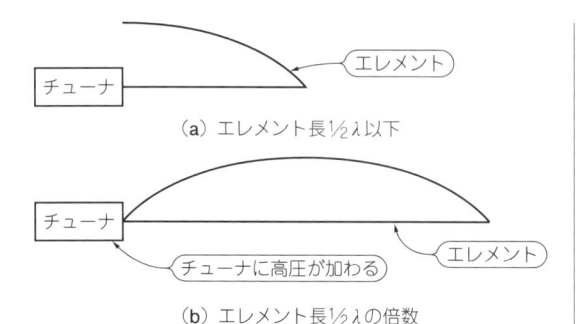

図3-26 エレメントの長さと電圧分布

　エレメントとなる電線とアース（高周波グラウンド）が確保できれば，ATUの利便性を最大限に生かして，手軽にHFオールバンドで運用ができるようになります．すべてがアバウトなアンテナですが，動作原理から考えるとエレメントの長さに若干の注意事項があります．

　エレメントの長さについては，1/4λ以上にするとアンテナの効率が良くなり，1/4λGPアンテナ相当になります［**図3-26**（a）］．

　チューナの取扱説明書にも書かれていますが，エレメントの長さが1/2λの倍数付近ではアンテナのインピーダンスが異常に高くなり，チューナに高圧がかかり，故障する原因になります［**図3-26**（b）］．チューニング中もSWRがなかなか下がりません．

　ついつい長くしたいところですが，理論的に見ても5/8λ以上にエレメントを長くしても不必要に波長が干渉し合い効率は高まりません．マンションの場合，敷地の制限がありますし，手軽に張れる範囲で一番長いエレメントを準備して，実際に運用しながら改善を試みるのが一番です．

お勧めの材料

　バルコニーを使って，実用的にHFを楽しむことができるエレメントの張り方について考えてみます．エレメントにアルミ・パイプを使う方法もありますが，絶縁処理や重量の問題があるため，入手が容易で収納にも便利な材料として釣り竿が使われることが多くあります．釣り竿もさまざまなタイプあって，カーボン・ファイバ製では中途半端な導通性があり，そのままではエレメントとして使えない場合もあるので，材質について絶縁体であるグラスファイバ製がベストです．

　竿の構造についても，投げ竿ではリールの取り付け部分や糸の案内部分は金属製の金具が使われているので不適当で，シンプルで最も値段の安い，グラスファイバ製のノベ竿を使って，電線を沿わせる方法がお手軽です．

　電線について数種類ありますが，**写真3-19**のように細い銅線を束ねているタイプがよく使われているようです．しかし，銅線なので少し重量があり，竿が曲がり美観的にもよくないので，軽量化のためφ1～2のアルミ線をお勧めします（**写真3-20**）．

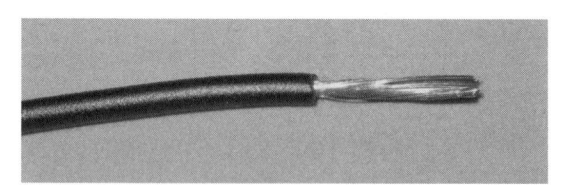

写真3-19 細い銅線で構成されているKIV線

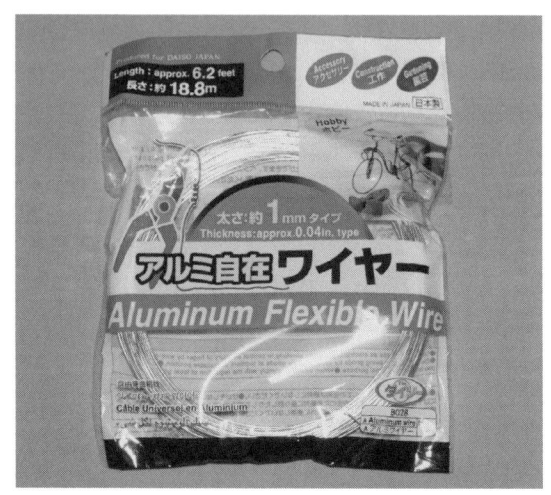

写真3-20 φ1mmのアルミ線．値段も安く，軽く，目立ちにくい材料なので重宝する

■ 1/2λエレメントを使うとどうなる？

エレメントの長さが1/2λの倍数付近ではアンテナのインピーダンスが異常に高くなるので，チューナに高圧が加わります．チューナの定格は出力で決まりますが，部品から見ると電圧と電流の要素があります．同じ出力でもインピーダンスが高まると，だんだんと電圧が高くなり，使われている部品の定格電圧を超えてしまいます．

取扱説明書の中の仕様について，**図3-27**のように最大定格入力電力は既定されていますが，除外項目としてエレメントの長さが1/2λの倍数に相当した状況での動作を保証していません．

チューナの耐圧を越えると，部品の内部で放電が始まり，部品の劣化が激しくなり，故障の原因となります．当然，屋外に設置しているので見ることができませんが，SWRメータを見たり，送信中の電波を聞くとチューナの異常に気がつきます．特にSSBの場合は，音声のピーク（出力最大時）に突然SWRメータの針が大きく動き（SWRが悪くなる）不安定になり，音声も割れたような音になります．

そのまま運用を続けていると部品が発熱してSWRがさらに悪化する場合もあります．

トランシーバにも保護回路がついていますが，SWRメータを見ながら運用することをお勧めします．

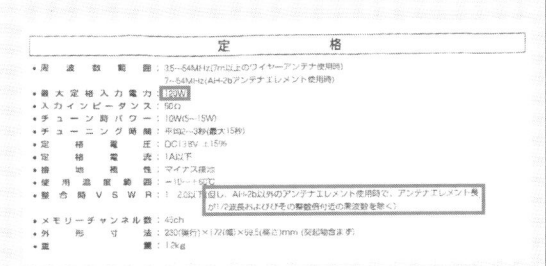

図3-27 チューナの定格の例（アイコム AH-4の取扱説明書より抜粋）

ロング・ワイヤ・アンテナの設置方法

実用的に使うコツとしては，理屈を抜きにエレメントの全長をできるだけ長くすることにあります．マンションの場合，設置スペースが限られているので，簡単な方法としては**図3-28**のような方法があります．

■ 水平に出す［図3-28（a）］

最もポピュラーな方法で，運用するときだけ，バルコニから水平に釣り竿を伸ばして，導線をはわせるだけです．エレメントの収納もいろいろな方法を選択できるので，手や小型ローテーターでエレメントを回して格納させることもできます．工夫しがいがある設置方法です．

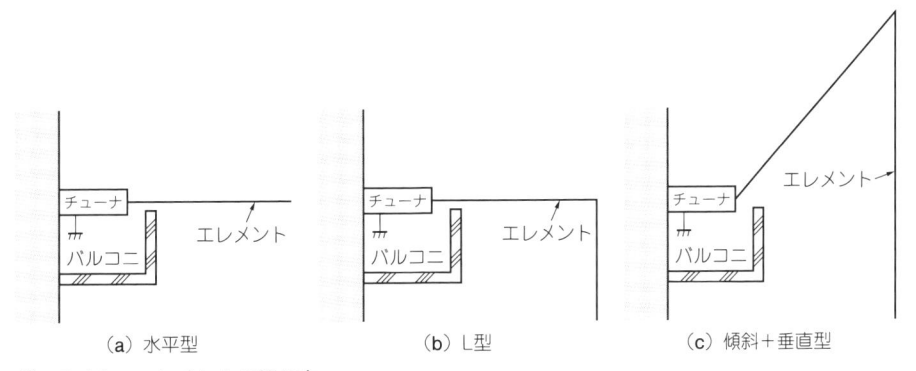

図3-28 ロング・ワイヤ・エレメントの張り方
（a）水平型　（b）L型　（c）傾斜＋垂直型

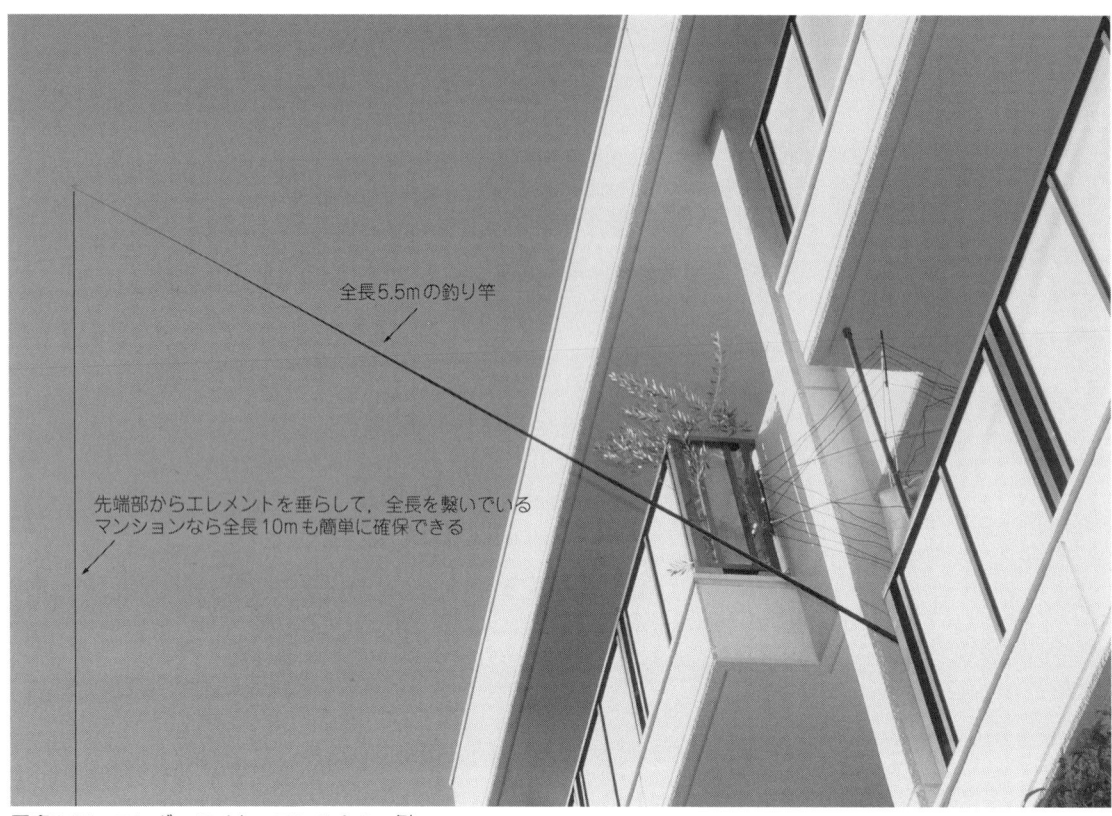

写真3-21 ロング・ワイヤ・アンテナの一例

(写真内注釈)
全長5.5mの釣り竿
先端部からエレメントを垂らして，全長を繋いでいる
マンションなら全長10mも簡単に確保できる

■ 水平＋垂直に出す［図3-28(b)］

マンションで2階以上の部屋に住んでいるなら，エレメントの全長を少しでも長くするため，下方向にもエレメントを伸ばすことを考えた方法です．エレメント長が簡単に確保できるので，3.5MHzから28MHzまで，実用的に運用することができます．マンションだからこそできる，アンテナの張り方です．

一番の問題は目立つことと，一つ下の階の人の視線に入ることです．メゾネットで階下も自分のスペースという場合などには有効です．エレメントが下に垂れている部分があり，アンテナの収納が少々面倒なので，少しでも収納を容易にするため，垂らしたエレメントに細いロープ（釣り糸）を取り付けておくと回収が容易になります．

■ 斜め＋垂直に出す［図3-28(c)］

いざ，マンションから釣り竿を出すときに，固定する方法に困ります．一番簡単な方法が，バルコニーの手すりと床面を使う方法です．この方法だと，**写真3-21**のようにエレメントを斜めに配置する必要がありますが，ロング・ワイヤ・アンテナなので最後はチューナが調整して何とかしてくれます．

アースの確保

ロング・ワイヤ・アンテナの場合は，アンテナがシンプルなのと，システム全体の動作を安定させるためにもアースは重要です．アースの確保によりアンテナの性能が十分に発揮できる点は理解いただけると思いますが，アースが十分に確保で

きないと高周波が回り込み，トランシーバの動作が変になったり，感電する場合もあるので確実に施工する必要があります．

アパマン環境の場合，地面からアースを取るのは，1階の専用庭付きの住戸でない限り無理なので，**図3-29**のように建物の鉄筋か鉄骨につながった部分から取り出すことをまず第一に考えてみます．

ひと昔前なら，鉄製の手すりの塗装を剥がせば，簡単にアースを取ることができましたが，最近は手すりもコンクリート製になっていたり，建物から金属の固定金具が出ることも減った関係から，アースの確保が一層困難な時代になっています．

実際にアースとして利用可能かどうかの確認は，アースのあるコンセントと接地していると思われる部分の抵抗値をテスタで測定して調べてみるとよいです（**図3-30**）．

適当なアースが確保ができそうにない場合は，エレメントより若干長い電線や運用周波数の1/4λほどの長さの電線を複数本床にはわせてアースの代わりとして使います（**図3-31**）．

図3-31（c）に示すような接地マットによる方法も有効です．簡単に自作できるので，ぜひお試しください（p.78の**写真3-22**～**写真3-29**を参照）．筆者はこのシートを2枚並べて使用しています．

図3-29 バルコニで接地されている可能性が高い場所

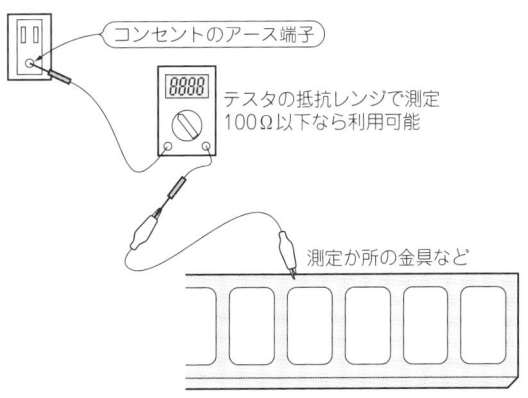

図3-30 接地状況を確認する方法

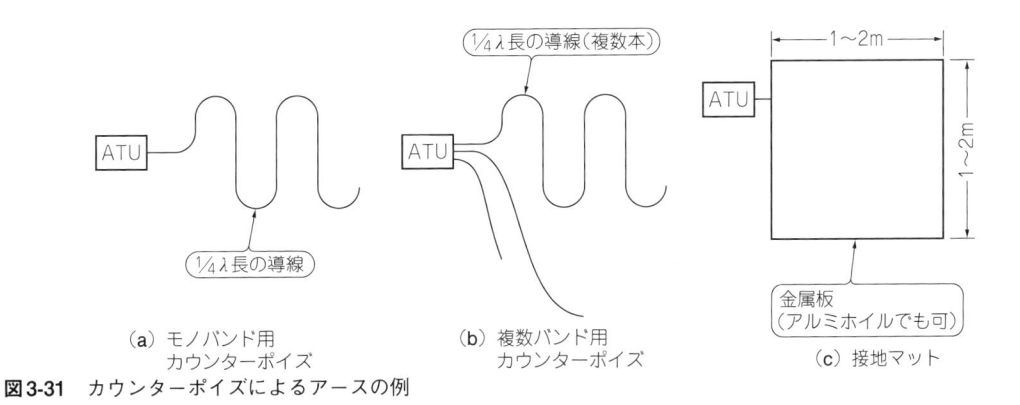

（a）モノバンド用カウンターポイズ
（b）複数バンド用カウンターポイズ
（c）接地マット

図3-31 カウンターポイズによるアースの例

■ 写真でみる接地マットの製作

写真3-22 勉強机用の保護シートを準備する(2枚のビニルの間に好きなキャラクターの紙を入れるタイプ)

写真3-23 スーパーで売っているごく普通のアルミホイルを用意

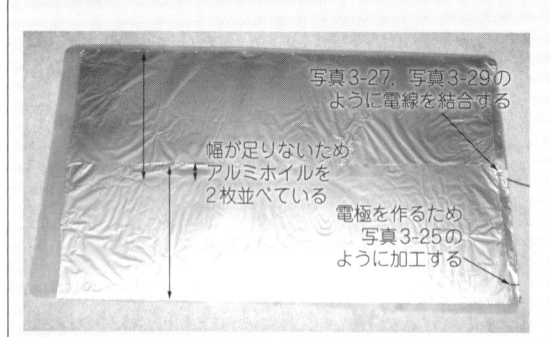

写真3-24 保護シートの中にある紙の代わりに,アルミホイルを敷いて,接地マットにする.面積については保護シートの枚数を増やして対応する

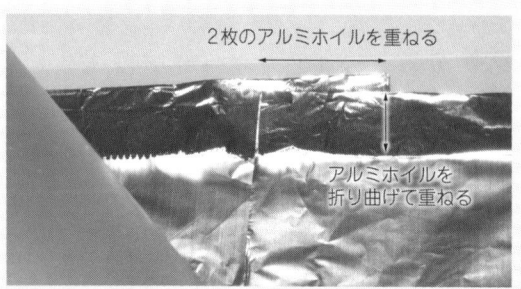

写真3-25 端子を接続する部分は,アルミホイルが重なるように2回ほど折り曲げて強度を上げる

写真3-26 KIV線の銅線をほどいて,アルミホイルと接触しやすいようにする.

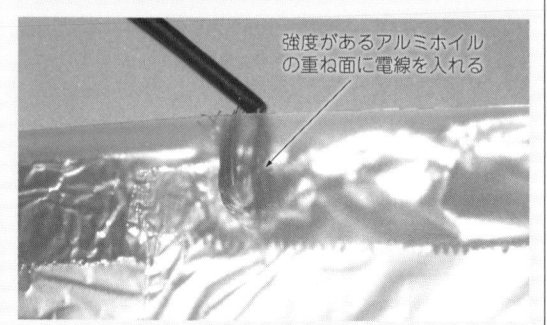

写真3-27 電極として使うため,シートの中にKIV線を入れる.

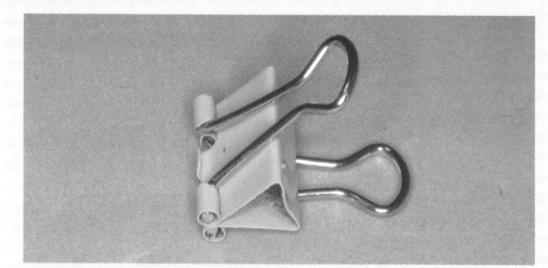

写真3-28 文房具店で売っている,普通の事務用クリップ

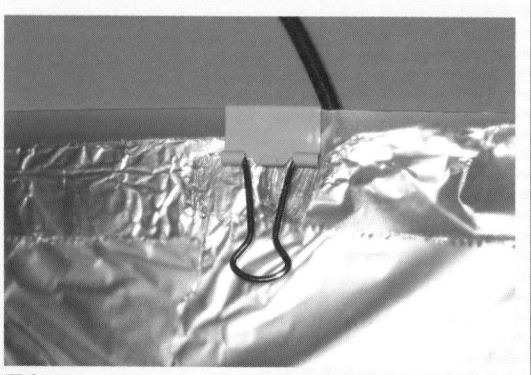

写真3-29 アルミホイルと電線を事務用クリップで押さえて完成

第3章 チューナの活用

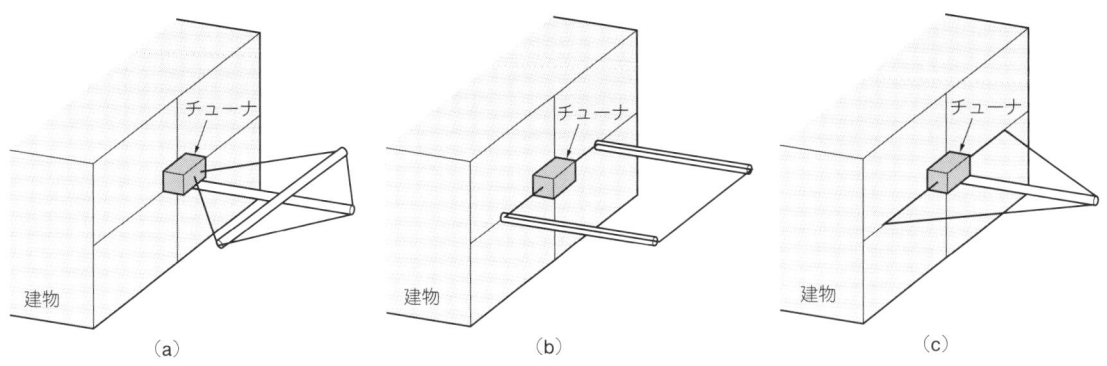

図3-32 ループ・アンテナの設置パターン

ループ・アンテナ

エレメントをループ状に配置して，その端をチューナのアンテナ端子と，アース端子に接続します．ループ状にまとめたエレメントの全長が1/2λ以上が理想なので，工夫して全周を稼ぐのがポイントです．円形が理想ですが，できるだけ大きく四角形や三角形に配置します（**図3-32**）．

アースを確保しなくても動作するので，システムが安定稼働します．しかし，周波数が低くなると（エレメントの全長が足らないと）急激にインピーダンスが低下して，マッチングが取れなくなります．

多巻きループ・アンテナ

見た目はループ系と同じです．ループの一辺が極端に短く，波長が長い周波数では，効率が低下するので，複数のループを形成してインピーダンスを高め，チューナでマッチングがとれるように改善したものです（**図3-33**）．

多巻きループについては，エレメントが太く，巻き方も「密」な間隔が理想的です．筆者も複数

写真3-30 ループ・アンテナの一例（約1.5mの四角形を形成している）

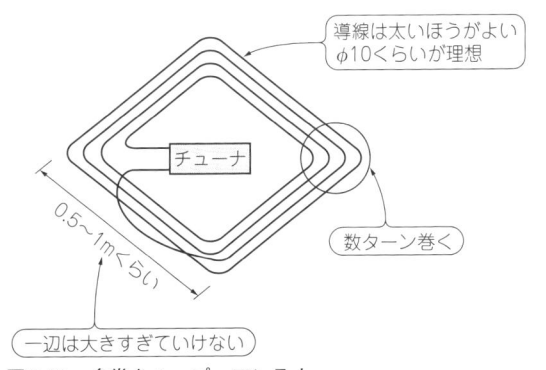

図3-33 多巻きループ・アンテナ
- 導線は太いほうがよい φ10くらいが理想
- 数ターン巻く
- 0.5〜1mくらい
- 一辺は大きすぎてはいけない

写真3-31 多巻きループ・アンテナの一例（φ3mmのアルミ線を使った）

アパマン・ハム入門 | 79

写真3-32 多巻きループ・アンテナの一例（導体の面積を稼ぐためアルミ・テープを使った）

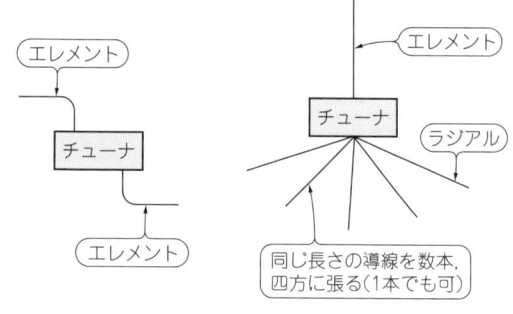

写真3-33 市販されている多巻きループ・アンテナの例

（a）ダイポール・アンテナ　　（b）GPアンテナ

図3-34 その他の事例

の多巻きのループを試していますが（**写真3-30〜写真3-32**）．現在でも多くの方々により実験が繰り返されています．市販品を使う方法もあります（**写真3-33**）．

そのほかのタイプ

■ ダイポール・アンテナ・タイプ

　ロング・ワイヤ・アンテナの変形タイプともいえます［**図3-34（a）**］．

■ グラウンド・プレーン・タイプ

　釣り竿を垂直に立ち上げて，ラジアル線（カウンターポイズとも解釈できる）を配します［**図3-34（b）**］．ラジアルの長さは1/4λが理想ですが，数mの長さで揃えて，放射状に配置する方法もあります．

高能率な「釣り竿アンテナ」プラン

　具体的な事例としてマンションで運用できる高能率な「釣り竿アンテナ」プランを紹介します（**図3-35**）．

　条件としては，3.5MHz〜50MHzで運用することを前提にし，運用するときだけ使う仮設タイプにしました．エレメントの長さについては，効率優先として途中で折り曲げて10mを確保しています．簡単にエレメントが収縮ができるようにグラスファイバ製の釣り竿を斜めに固定しました（**写真3-34〜写真3-37**）．

　エレメントにはφ1のアルミ線を使い軽量化し，垂直に垂らしたエレメントが目立たないように配慮しています．アルミ線はクセがつきやすく，垂直部ではまっすぐになりませんが，あまり気にしないようにします．φ1のアルミ線は折れやすいので，チューナに接続する場合は圧着端子を使わずに直接巻いて接続するほうが安定します（p.82の**写真3-38**）．また，垂らしたエレメントの先が遊びすぎないように釣り糸で引っ張りました（p.82の**写真3-39**）．この部分にオモリを併用してもよいでしょう．

第3章 チューナの活用

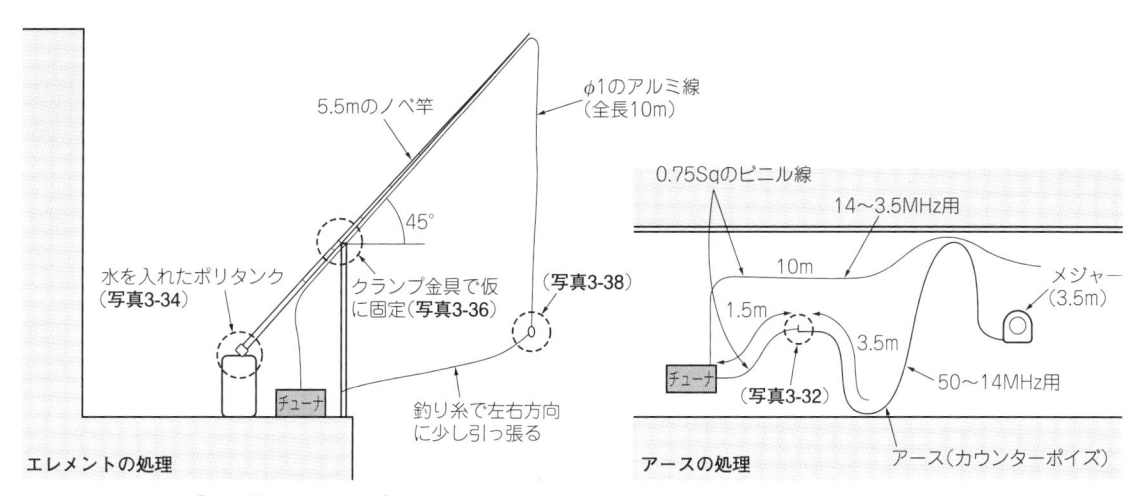

図3-35 高能率な「釣り竿アンテナ」プラン

エレメントの処理:
- 5.5mのノベ竿
- φ1のアルミ線（全長10m）
- 45°
- 水を入れたポリタンク（写真3-34）
- クランプ金具で仮に固定（写真3-36）
- （写真3-38）
- チューナ
- 釣り糸で左右方向に少し引っ張る

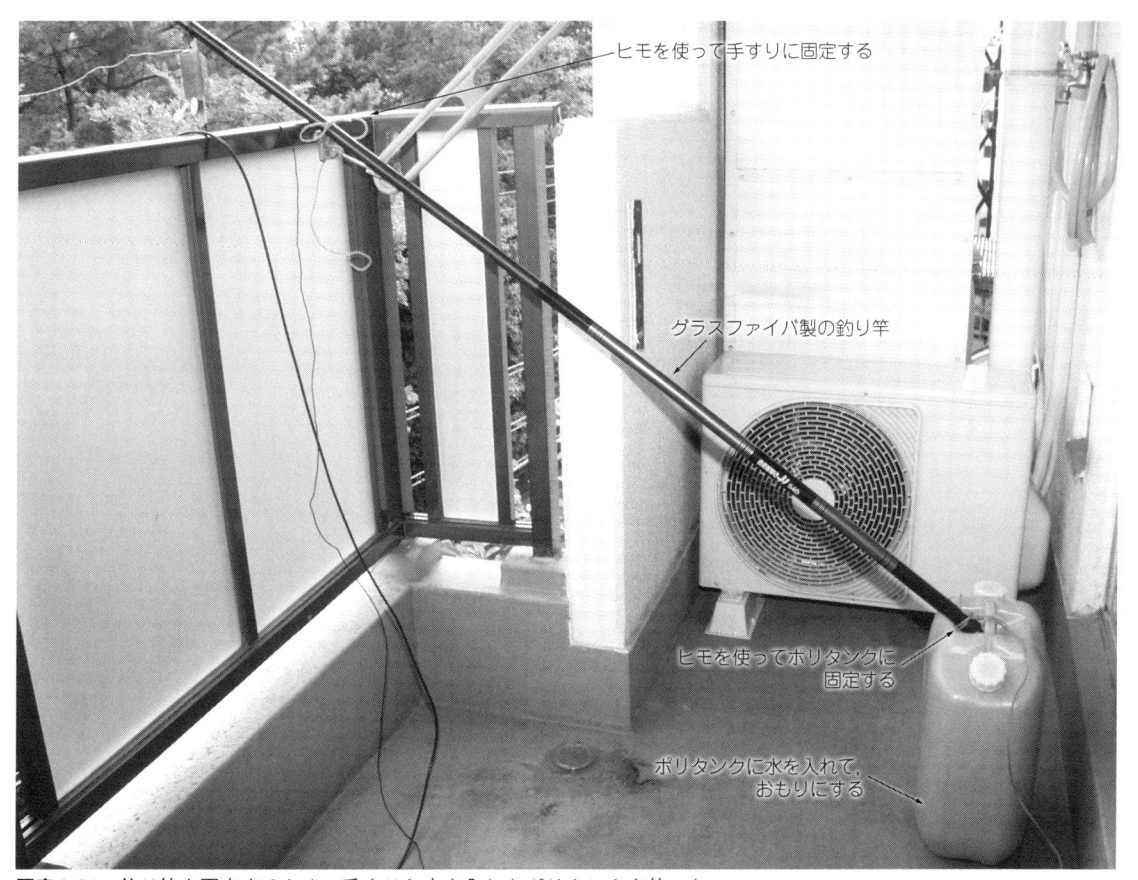

アースの処理:
- 0.75Sqのビニル線
- 14～3.5MHz用
- 10m
- メジャー（3.5m）
- 1.5m
- チューナ
- （写真3-32）
- 3.5m
- 50～14MHz用
- アース（カウンターポイズ）

写真3-34 釣り竿を固定するため，手すりと水を入れたポリタンクを使った

（写真内ラベル）
- ヒモを使って手すりに固定する
- グラスファイバ製の釣り竿
- ヒモを使ってポリタンクに固定する
- ポリタンクに水を入れて，おもりにする

アパマン・ハム入門 | 81

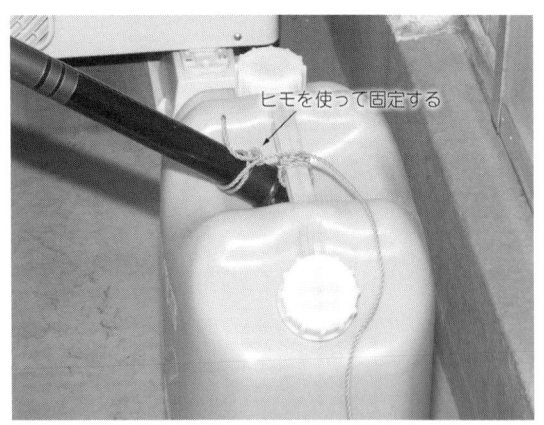

写真3-35 水を入れたポリタンクの取っ手部分にノベ竿を固定した

写真3-38 細いアルミ線は折れやすいので，圧着端子で処理するより，直接巻きつけた方が安定する

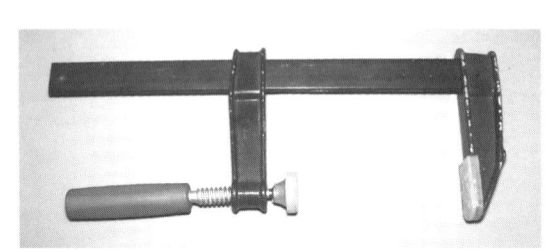

写真3-36 アンテナ固定金具の代用品としてF型クランプを使った

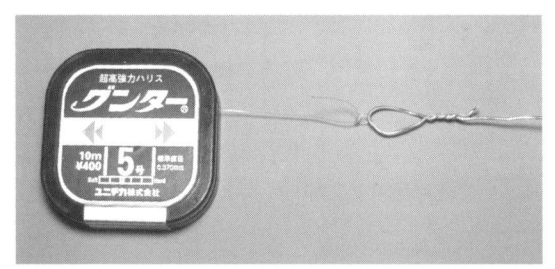

写真3-39 ヒモの代用品として釣り糸を使い，目立たないようにする

写真3-37 F型クランプを使って，コンクリート製の壁に固定した

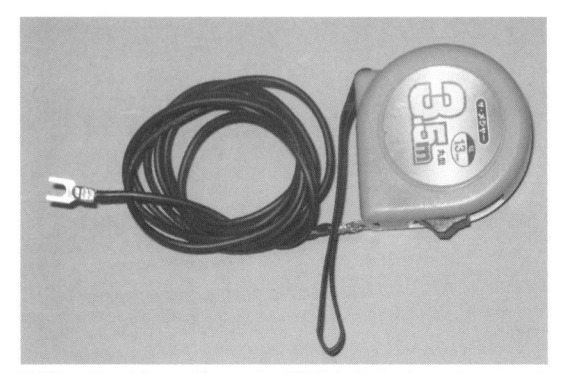

写真3-40 ビニル線で1.5m延長したので，1.5〜5mの間で可変できる

　アースについては，マンションの構造物から取らず，カウンターポイズとし，14〜50MHzまでは運用周波数ごとに1/4λになるように金属製のメジャー（巻尺）を使って調整できるようにしています（**写真3-40**，**写真3-41**）．

　もう一つの10mのビニル線は7MHz用ですが，バルコニのスラブ（床面）の鉄筋との間の静電容量結合によるアース効果を期待して平行に張って3.5MHzにも使っています．

　エレメントについては，14MHz，28MHzが1/2

第3章　チューナの活用

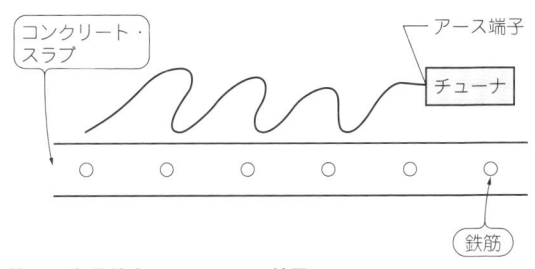

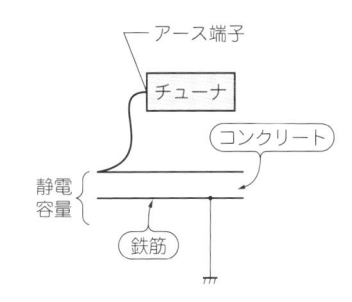

図3-36　鉄筋との容量結合によるアース効果

λの倍数になるので，運用中はSWR計を見ながら注意深く運用します．10W運用では問題になっていません．3.5MHzと7MHzも運用できます．効率は高いのですが，結構目立つので，ご自分の運用形態（周波数，運用時間）が決まれば，次のステップとしてエレメント部を中心に改良を加え．釣り竿の振り出し方を工夫したり，さらにコンパクト化を狙って多巻きループに挑戦するのもよいと思います．

写真3-41　メジャーの先端にφ0.9mmの銅線を固定した後，はんだ付けを行いビニル線とつなぐ

■ バルコニで行うアンテナ実験

筆者は典型的なアパマン・ハムで，使うときにだけアンテナを出すスタイルで運用を楽しんでいます．特に好きなのはアンテナの自作．バルコニはちょっとしたアンテナの実験場です．近くに電源もあり，足場もしっかり．測定機の持ち込みも簡単．サッシを開ければ空調の効いた部屋がすぐそこに．アンテナ製作や実験を一年中楽しむことができます．アパマン・ハム環境，結構気に入っています．

（JH5MNL　田中　宏）

写真3-42　アンテナを脱着中の筆者．使う時だけアンテナを設置

写真3-43　7〜28MHz用のマグネチック・ループ・アンテナ（自作）．設置と片付けの所要時間は各3分ほど

アパマン・ハム入門　83

第4章

電波障害の予防と対策

電波障害と言っても，実に多くの種類があります．私たちアマチュア無線局が出す電波による電波障害もありますが，周辺にある機器から放射される電波により，私たちが受信障害を受ける場合もあります．この章では，アパマン・ハムの立場から，電波障害の予防，対策，解決のプロセスを順を追って考えてみます．

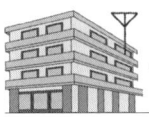

4-1 電波障害とは何か

電波障害とは、通常受信できるはずの電波が何らかの要因で受信できなくなったり、電波により電子機器が誤動作することを指します．

日増しに，生活空間に電子機器が増えているので，電波障害と遭遇する確率が高まっています．また，技術の進歩にともない新しい電子機器が登場するため，機器の交換サイクルが短くなりました．同じような機器でも，交換することより電波障害が出たり，止まったりとさまざまな症状が現れます．また，機器が同じでも，設置環境により，電波障害の発生状況が異なります．よくある例としては，一戸建てとマンションでは建物の構造と各種配線の敷設の方法も異なるので，電波障害の症状の出かたが異なります．

マンションで発生することの多い電波障害の事例を中心に，発生のメカニズムと対処方法について考えていきたいと思います．アマチュア無線側の送信出力が高まるほど，対策範囲が広がるので，本章では50W程度までの出力を前提に考えていきます．

マンションと一戸建ての違い

住んでいる環境により，電波を出すアンテナや影響を受ける電子機器の位置関係が大きく異なります．特に，マンションに住む方が増えているので，一戸建ての構造や電気配線の違いについて理解を深めることが，電波障害の発生を未然に防ぐときに役に立ちます．

一見すると，一戸建てよりもマンションのほうが住戸が密集していて，電波障害に関してリスクが高いと思われますが，どれくらい不利なのか考えてみます．

なお，アパートに関しては，2階建ての木造が主流で，構造的には一戸建てとほぼ同じです．収容世帯数が多く隣住戸との距離が近いぶん，電波障害に対してはより慎重な対応が必要といえます．

■ アンテナと建物の関係

一戸建ての場合は，**図4-1**のようにアンテナが配置されています．自宅では，送信元のアンテナから影響を受けやすい機器までの距離は近いのですが，近隣家屋については，アンテナと建物の位

第4章　電波障害の予防と対策

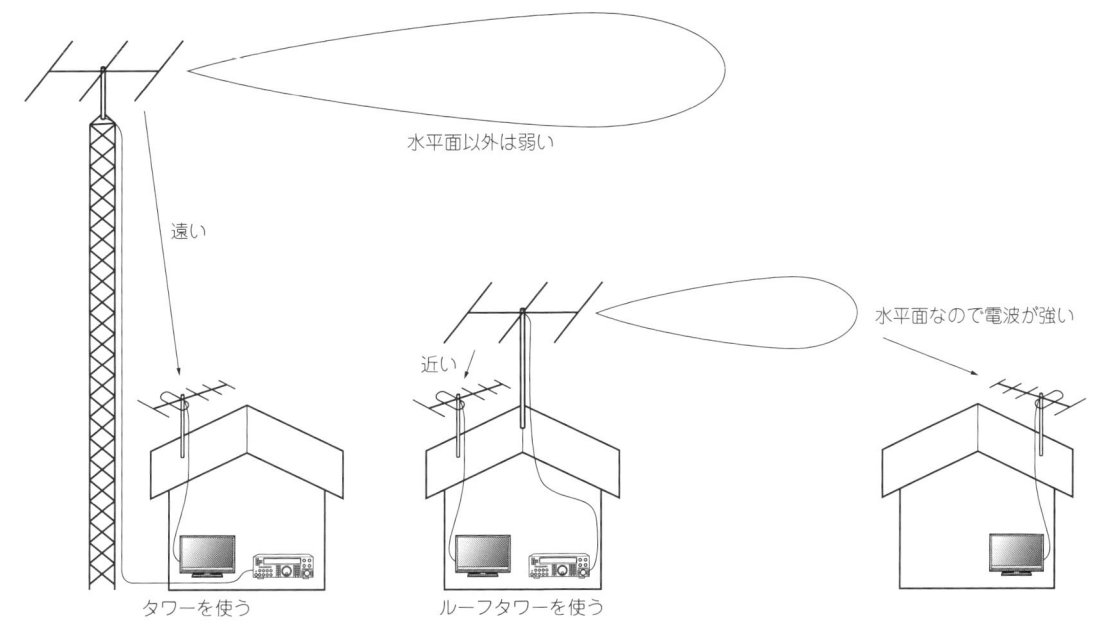

図4-1　一戸建て環境でのアンテナと建物の関係

置関係により，電波障害が発生する可能性が異なってきます．

テレビへの障害を例にすると，送信元のアンテナの水平面から強い電波が出るため，タワーを立てて周囲のテレビ・アンテナより高くすると，電波障害に対して大きな効果があります．集合住宅の場合は，**図4-2**のようにアマチュア無線のアンテナをバルコニーに設置することが多いので，アンテナの距離だけを見ると，自宅も近所も距離的には大きな違いはありません．しかし，テレビ・アンテナについては，共聴設備として屋上に設置されることが多く，テレビのデジタル化にともない，ケーブル・テレビに切り替えてアンテナを撤去してしまうケースもあります．

■ 建物の構造と電気配線

一戸建てやアパートの場合，その多くが木造または鉄骨造です．鉄骨造は柱や梁に相当する部分に鉄骨を使っている建物で，壁や床には鉄筋コンクリートは使われていません（基礎や地下には使

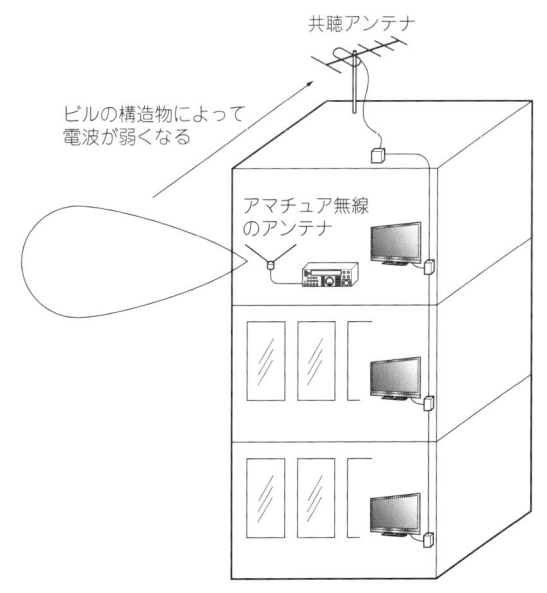

図4-2　マンション環境でのアンテナと建物の関係

われている）．

この場合，電気配線は天井裏や壁の中を通っていて，通常はビニル製の保護管に収納されていま

す．これにはシールド効果がないので，ケーブルがシールド線ではない限り電磁的にシールドする物がまったくない状態です．

電波障害を受けやすいテレビ・アンテナの配線については，同軸ケーブルで配線されていますが，使用機器が家庭用で，この機器側のシールドが甘いこともあり，施工の技術についてもばらつきが大きく，ときに問題をかかえる場合があります．

マンションに代表される鉄筋コンクリート造の建物の場合，コンクリートの中に鉄の棒が網の目のように配置されていて，鉄筋や鉄骨を経由して大地に接地されています．

鉄筋コンクリートの壁を隔てると電磁的に遮蔽されるので，シールドされたボックスの中で生活していると言えます．その証拠としてマンションの中ではAM/FMラジオが受信しづらいことが挙げられます．テレビの配線についても，マンションのほうがレベルの高い共聴設備用の機器が使われており，施工する会社も専門会社であるケースが多いので，施工時の受信ブースタの調整も適切で，施工ミスも少ないといえます．

■ マンションは電波障害に強い!?

電波障害に関しては，一戸建てよりも集合住宅であるマンションのほうが総合的に不利と考えがちですが，建物の構造などいろいろな条件を考えると一方的に不利と考える必要はないようです．

目に見えない電波ですが，適切な対策をすれば，電波障害を未然に防止することが可能です．

住んでいる階によっては，一戸建てより地上高が簡単に稼げるため，電波の飛びとしては大きなメリットとなる点もあります．

電波障害のメカニズム

電波障害のメカニズムについては，多くの文献で紹介されていますが，本書では要点をまとめてみました．

アマチュア無線局が出す電波には，目的とする

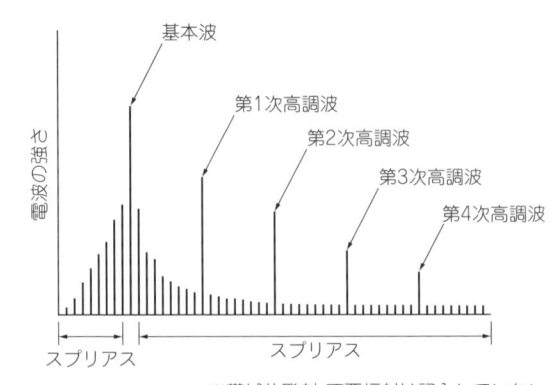

図4-3 スプリアスのイメージ

表4-1 電波障害の症状と原因

種類と症状		原因	
		スプリアス	基本波
AM/FM	特定周波数への電波障害	○	△
地デジ/BS/CS	全チャネルへの電波障害	△	○
オーディオ	チューナ以外の再生時の電波障害	×	○
電話への電波障害		×	○
パソコンへの電波障害		×	○
電子機器への電波障害		×	○

○…原因になる　△…原因となる可能性あり　×…原因にならない

基本波以外にスプリアス（高調波を含む）が含まれています（図4-3）．電波障害の発生内容と原因を整理したのが表4-1です．

スプリアスによる電波障害については，送信側の対策が重要なため，厳しいルールがあり（国際的なルール変更にともない，近年，さらに細分化されている），基本波に対して，一定レベル以下であることが電波法で要求されているので，トランシーバの内部には，必ずフィルタが内蔵されています．ここで問題なのが，トランシーバ内のフィルタが100%の性能を発揮させるための要件で，それは，アンテナ側のインピーダンスが50Ωに近いことが重要です．これは，第3章で紹介しましたが，最近のトランシーバは回路も工夫されているので，アンテナの調整と，チューナを適切に使いSWRを低い値に保てば，スプリアスをかなり抑制することができるので，電波障害の多くは基本波に原因がある可能性が高いといえます．

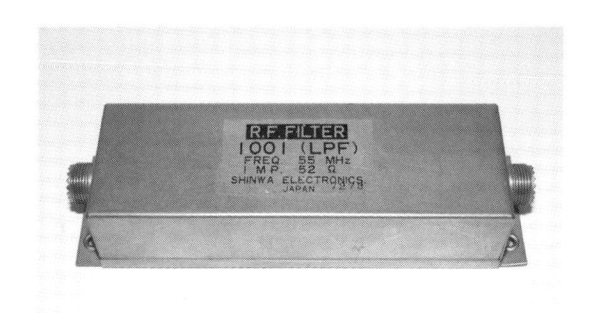

第4章　電波障害の予防と対策

写真4-1　ローパス・フィルタの例

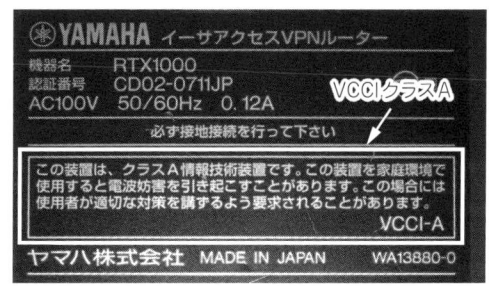

写真4-2　VCCIクラスA情報技術装置に記入されているマーク．注意書きが目立つように大きく記載されている

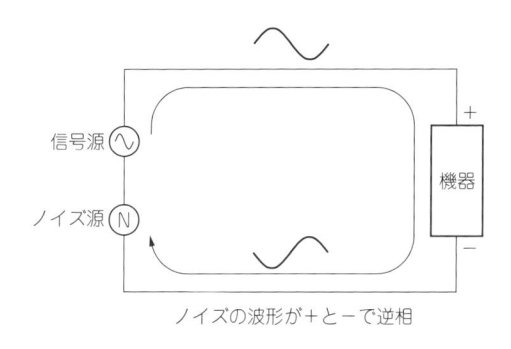

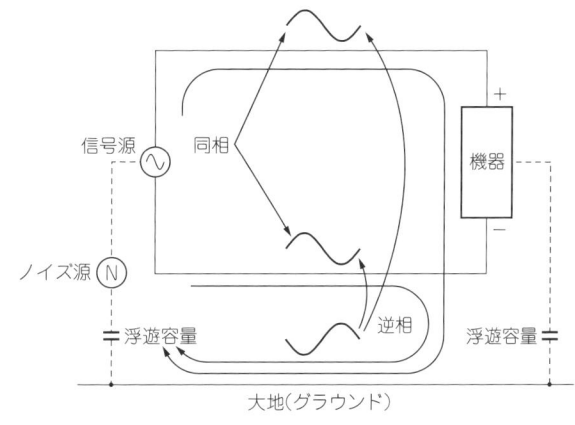

（a）ノーマルモード・ノイズ

（b）コモンモード・ノイズ

図4-4　ノーマル・モードとコモン・モード

このような背景により，昔よく使われていたローパス・フィルタ（**写真4-1**）などをトランシーバとアンテナの間に入れても，思ったほどの効果が出ないことのほうが多いと思われます．

基本波の流れ

電波障害が発生する場合の電流の流れとして必ず登場するのが，ノーマル・モードとコモン・モードです．基本的に電流が流れるためには，入り口と出口が必ず必要となります．

2本の線をモデルにすると，ノーマル・モードについては**図4-4**（**a**）のような流れであり，ひじょうにシンプルで電波障害やノイズ対策の基本とされてきました．

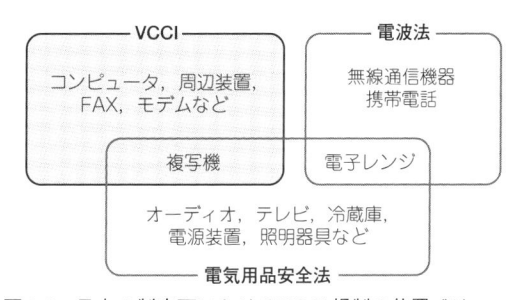

図4-5　日本の制度下におけるVCCI規制の位置づけ

コモン・モードは**図4-4**（**b**）のように電線・大地・電波なども含めて，複数のルートを経由して複雑に関与しているため，意外と難解です．

今でもいろいろな議論が交わされていますが，対策方法については多くの方々の努力により確立されつつあります．

アパマン・ハム入門 | 87

写真4-3 VCCIクラスB情報技術装置に記入されたマーク．ひじょうに小さいのが特徴

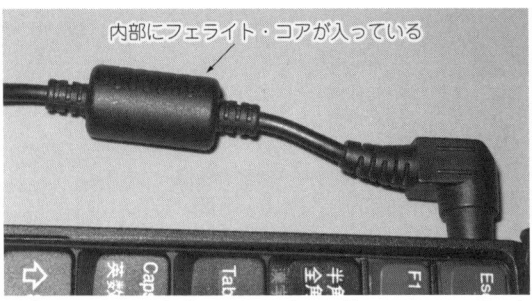

写真4-5 ACアダプタのケーブルに付いているコブの中に，フェライト・コアがセットされている

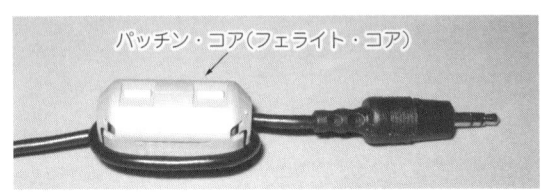

写真4-6 ケーブルに取り付けられたフェライト・コア．初期のころは，このようにケーブルに後付けでフェライト・コアがセットされていたので，美観やケーブルの取り回しに不便なため，取りはずす人も多く，ノイズの増加の原因になることもあった

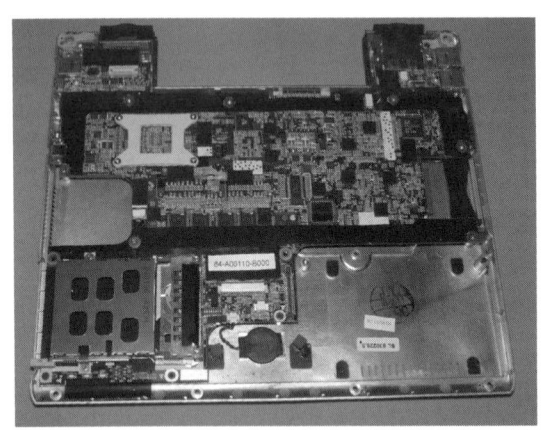

写真4-4 ノートパソコンの内部．ケースはプラスチックでも裏面は塗装で導通性が確保されており，外に接続するポートにもノイズ対策が施されている

アマチュア無線局が受ける電波障害

　アマチュア無線以外にも，ラジオ，テレビ，携帯電話など多くの機器が電波を利用しているので，互いに不必要な電波を出さないように対策されています．

　日本ではVCCIという，自主規制制度があり，VCCIの会員企業が，VCCI協会が定めた技術基準の許容値（p.87の**図4-5**）に適合していることを確認する試験を実施し，その結果をVCCIに届け出て受理され許可を受けると，ロゴ・マーク（p.87の**写真4-2**，**写真4-3**）を製品に印刷できます．手持ちの電子機器の裏面を見ると，実に多くの機器についていることに驚くと思います．

　利用目的により2タイプあり，家庭用の機器は，基準の厳しいクラスBにあてはまるのでかなりの対策が施されています．しかし，少しマニアックな（？）製品を買うと，クラスAとなっている物があるので，注意が必要です．クラスBの代表例がノート・パソコンであり，スイッチング電源や多数の発振回路が内蔵されているので，**写真4-4**，**写真4-5**のような対策が各所に施されています．

　本来は機器から放出される電波に関する既定ですが，対策のため使われる部品の多くが，外からの電波の進入にも有効なので，改善効果が期待できます．

　VCCIの適合検査のために，波形の大きさを数値化するものとして，準尖頭値と平均値がおもに使われています．重要なのが準尖頭値で，間欠的に発生する信号に対して，決められた時定数で処理されるので，同じ数値でも間隔が広いほど数値

第4章　電波障害の予防と対策

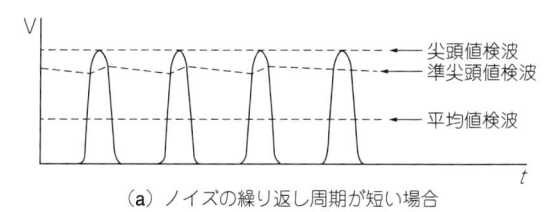

図4-6　波形と準尖頭値の関係

(a) ノイズの繰り返し周期が短い場合
(b) ノイズの繰り返し周期が長い場合

が小さくなります（**図4-6**）．たとえ規格に適合していても，耳障りなノイズを出してくる機器があります．

最近の機器は，しっかりとした対策が施されていますが，自宅の周辺にはこれらの対象外やクラスAの機器，アマチュア無線の運用周波数での数値が規格ギリギリの機器もあるかもしれません．

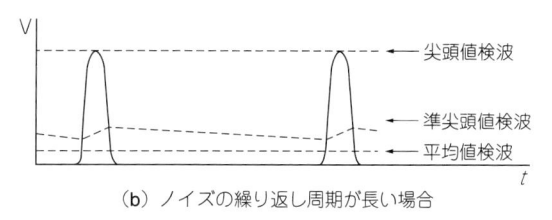

また，機器の劣化やフェライト・コア（**写真4-6**）が故意に取り外されて，ノイズが増えている場合もあるので，必要に応じて対策を行う必要があります．自宅なら機器の特定は簡単で，しかも，自己責任の範囲でいろいろな対策が可能ですが，近所からの場合は，調査と対応が難しいといえます．

4-2　電波障害の具体例

アマチュア無線局側が原因の電波障害として，よく取り上げられるのが，ラジオやテレビのように電波を扱う機器に対するものですが，実際は，あらゆる電子機器が影響を受ける対象となります．予測される電波障害の内容を知ることが，対策の第一歩となります．

最近では，テレビのデジタル化，インターネットの普及で電波障害を受ける機器も多様化し，症状もさまざまです．また，情報インフラの多様化により，利用頻度が少なくなっている機器も増えてきているので，現状に合った対策方法を紹介します．

テレビ

昔からよくある，電波障害の代表例がテレビで，利用している周波数は**図4-7**のようになります．

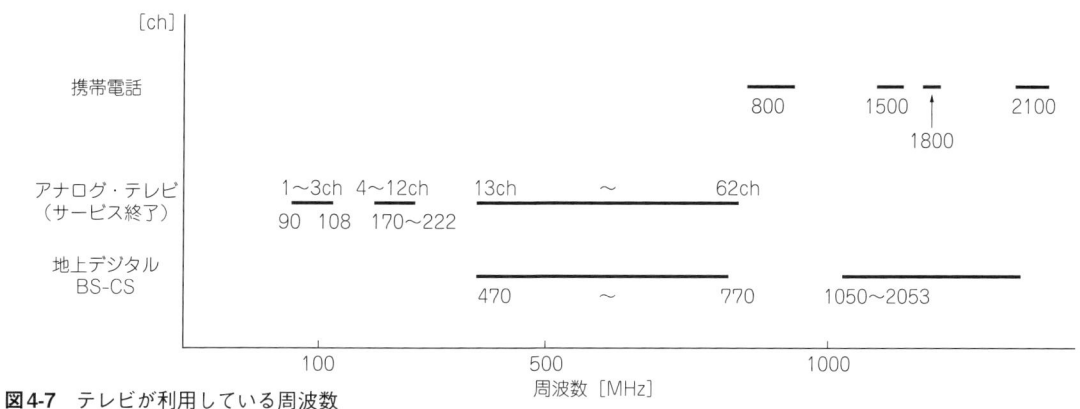

図4-7　テレビが利用している周波数

	周波数 [MHz]
携帯電話	800, 1500, 1800, 2100
アナログ・テレビ（サービス終了）	1〜3ch: 90〜108, 4〜12ch: 170〜222, 13ch〜62ch
地上デジタル BS-CS	470〜770, 1050〜2053

■ アナログ・テレビ時代の電波障害

かつてアナログ・テレビの時代に，一番やっかいとされたのが，テレビの1～3チャネルに与える電波障害のうち，基本波による障害でした．高調波による障害はローパス・フィルタで対策できましたが，基本波によるものは，送信元だけでは十分な対策ができないため，受信側で対策する必要があったのです．

原因としては，テレビ・アンテナの施工時の問題が大半で，アンテナのケーブルにシールド効果が低い平行フィーダが使われていたり，たとえ同軸ケーブルが使われていても，シールド部の処理やインピーダンスの管理が甘いため（**図4-8**），同軸ケーブルとして十分に機能していないケースもありました．

また，人口の少ない地域で，民放局が少なかった時代には，大型のアンテナにブースタを併用し，他県のテレビ電波を受信している地域があり，対策に苦労することもあったそうです．しかし，このような地域でも民放局の多局化が進み，無理をしてまで弱い信号を受信するという状態が減りました．

また，テレビの地デジ化にあわせてケーブル・テレビの導入も盛んになり，テレビに到達する電

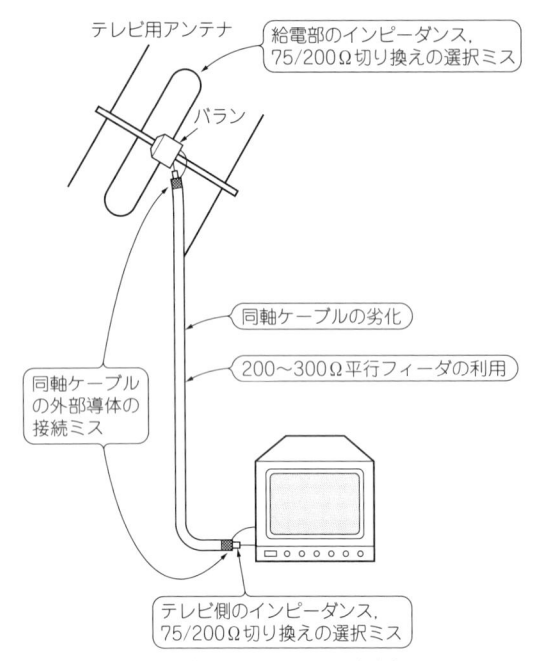

図4-8 アナログ時代のテレビへの電波障害の原因

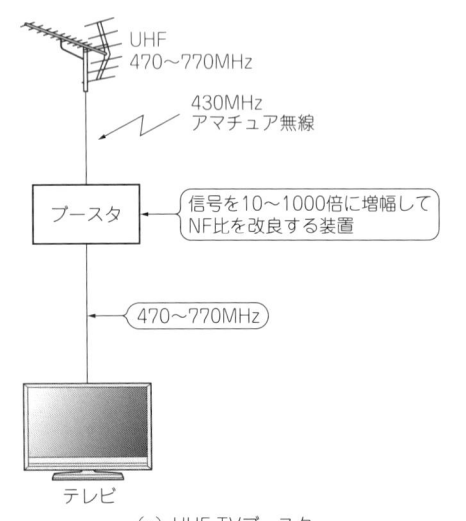

(a) UHF TVブースタ

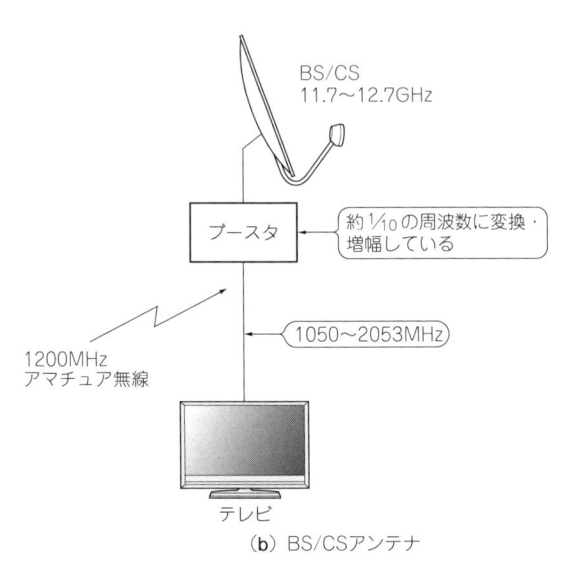

(b) BS/CSアンテナ

図4-9 デジタル時代のテレビへの電波障害
周波数が近いアマチュア無線の電波（基本波）が，UHFテレビ・ブースタやBSアンテナの周波数変換装置内の高周波アンプ部に飛び込んで電波障害を起こすことがある

写真4-7 テレビがデジタル化されてからは，ある信号レベルより低下すると一気に画質が落ちることが特徴となった

波の質が大きく向上しました．

■ 地デジ化にともなう変化

2011年にテレビの地上波が完成にデジタル化され，テレビについては，すべてがUHF帯に移行しました．

HFからより離れた周波数に一本化され，変調方式がデジタル式になったため，ある程度の電波障害はデジタル信号のエラー修復処理により，画面に現れることもなくなりました．

機器についても，デジタル対応のため，アンテナや付帯設備の交換，ケーブルの再敷設，コネクタの交換などが行われ，アンテナ系統のインピーダンスが75Ωに統一され，テレビ機器側の施工不良や劣化を原因とした電波障害の割合も大きく減少したといえます．

テレビの受信ブースタについても，外見はプラスチックですが，内部ではシールドされた箱の中に収納されている物が増えてきており，アナログ時代の物と比較すると電波障害に対して格段に強くなっているようです．

■ デジタル時代の電波障害と対策

地デジの周波数に近い，430MHzで送信すると，**図4-9**（a）のように途中に設置した受信ブースタが飽和したり，1200MHzで送信すると**図4-9**（b）のようにBS/CSのアンテナ直下の周波数コンバータ内の増幅回路が飽和したり，ブースタ回路への回り込みによる電波障害が発生する可能性があります．

対策方法は，①アンテナの位置関係の調整（テレビ・アンテナとアマチュア無線用アンテナが同じ高さにならないようにする，できる限り離すなど），②ブースタのゲインの確認と再調整，③ブースタの入力部に対象となる周波数をカットするトラップ・フィルタを入れる，という方法が考えられますが，その多くは①と②の段階で解決することが多いらしく，大手のアンテナ・メーカーのトラップ・フィルタは市場から姿を消しました．

加えて，携帯電話の基地局なども隣接した周波数を使い，あちらこちらに設置されているので，ブースタなどを製造するメーカーもさらなる対策を実施しているようです．

総合的に見ても，アナログ時代と比較すると，デジタル化によりハード，ソフトともにシステムが大幅に更新されて信頼性が格段に向上したので，電波障害に遭遇するケースは以前よりは減っていると言えるでしょう．しかし，デジタル化後のテレビは，電波障害を受けると，ブロック・ノイズを受けたような状態になり，映像の動きが止まったり，意味不明な映像になるので（**写真4-7**），電波障害を受けた側に強烈な印象を与えてしまいます．

ラジオ

AM/FMラジオは従来どおりのアナログ放送が続いています（p.92の**図4-10**）．FMについては，アナログ・テレビの1～3チャネルに近い周波数なので，電波障害が発生する確率が高くなります．特に，FMラジオで遠方の放送局を外部アンテナで受信している場合，受信している信号が弱かったり，ケーブルに問題を抱えている場合もあります．

室内アンテナについても簡易な構造の割りには本格的なアンテナが市販されており（**図4-11**），よく窓際に設置されていたので，電波障害を受け

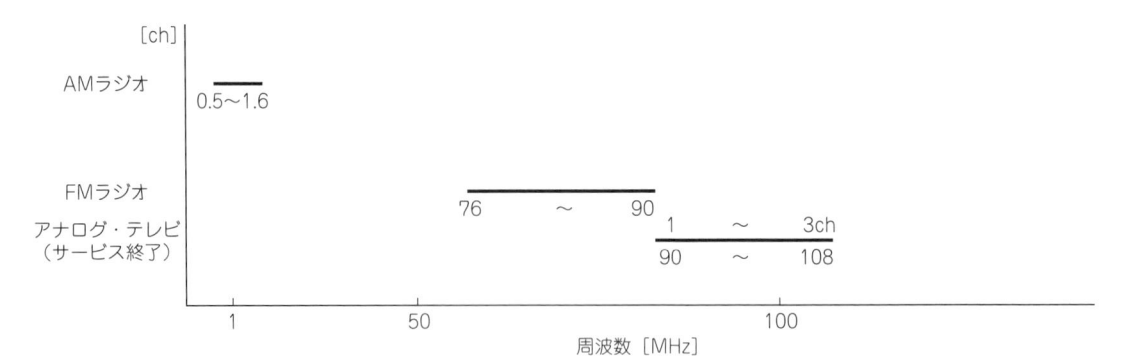

図4-10 ラジオ放送で使われている周波数

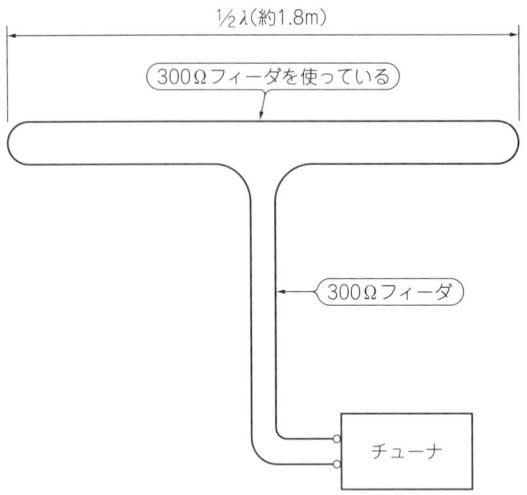

図4-11 昔流行したFMラジオ用簡易アンテナ

やすい状況下にありました．

　しかし，放送手段の多様化により，外部アンテナを使って遠方の放送局を受信する人が減り，内蔵アンテナで電波の強い局のみを受信する人が増えました．特に，マンションの場合は，一戸建てと比較して鉄筋によるシールド効果によりラジオの受信状況が屋外に比べて悪いため，ラジオ自体を利用しない人が多いようです．

　結果的には，テレビやラジオに電波障害が発生するリスクも減ったと言えます．

オーディオ

　音源がレコードやカセットテープだったころ

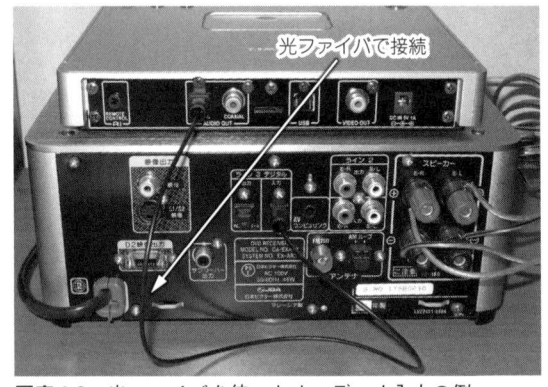

写真4-8　光ファイバを使ったオーディオ入力の例

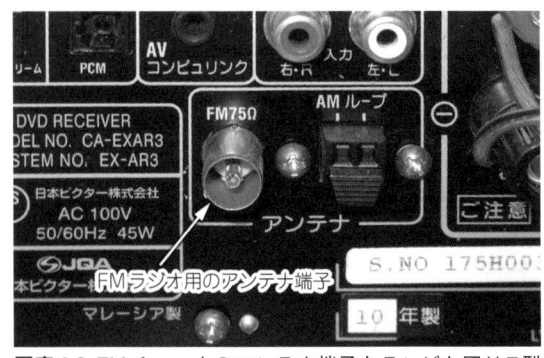

写真4-9　FMチューナのアンテナ端子もテレビと同じF型コネクタ接続となり，電波の回り込む確率が下がった
電気的にも絶縁されているので，ケーブルからの電波の回り込みがない

は，弱いアナログ信号を増幅して音源として使っていましたが，CDに代表されるデジタル・メディアの普及にともない，音源の信号レベルが格段に高まりました．

第4章　電波障害の予防と対策

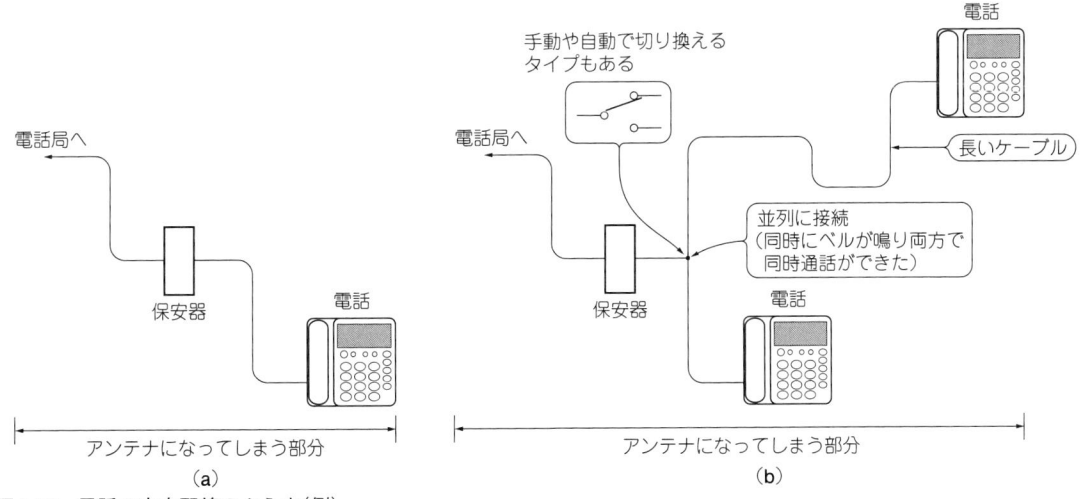

図4-12　電話の宅内配線のようす(例)
屋外や宅内の電話配線がアンテナ代わりになり，電波障害が発生する可能性がある

　昔は，複数の機器（セパレート）を並べてたくさんのメタル・ケーブルで接続することがあたり前でしたが，機器の一体化や光ファイバによる情報伝達（**写真4-8**）が普通になり，配線もシンプルになりました．

　当然，電波が飛び込むリスクがある部分も減ったので，電波障害が発生する可能性は減少しています．また，オーディオ業界でもFMラジオ用アンテナ端子の同軸ケーブル化が進んでおり，電波障害に強い構造になりつつあります（**写真4-9**）．

電話

　電話についても，従来通りのメタル配線（電線による配線）の場合，電話機の呼び鈴が勝手に鳴ったり，通話中に変な音声が聞こえたりなど，いろいろな障害が発生します．昔は，親子配線（**図4-12**）など，家の中に電話線を複数敷設したような複雑な配線ルートが，障害の拡大の原因になりましたが，最近ではコードレス・ホンの普及で，屋内の配線はシンプルになりました．

　また，最近では，末端まで光ファイバで伝送し，電話機の至近でアナログに変換して利用するケース（**図4-13**）も増えているので，変換機と電話機

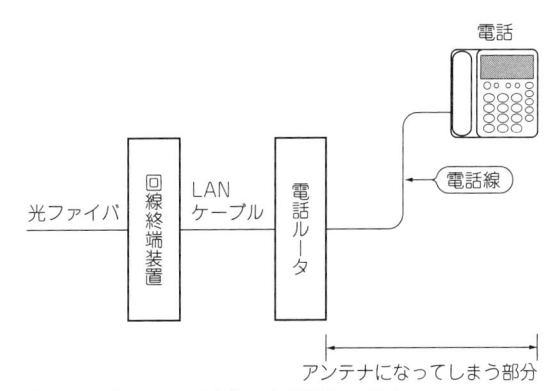

図4-13　光ファイバを使った電話システム

までのメタル配線（＝ケーブル配線）の距離がさらに短くなり，電話機器への電波障害が発生する可能性も低くなりました．

　一方で，電話機本体よりもインターネット環境の障害による通話不能や，電話の付帯設備から発生するノイズによる，アマチュア無線側への電波障害の可能性が高まっています．

パソコン

　最もよく見聞きするのが，パソコンの外部に設置されている外部スピーカ（p.94の**写真4-10**，**図4-14**）から変な声が聞こえるという現象です．

アパマン・ハム入門

筆者の持っているものは，シールドされていませんでした（**写真4-11**）．また，粗悪な商品ですとパソコンと接続するケーブル（**写真4-12**）までもがシールドされていない場合があり，電波障害に弱くなっています．傾向として，電源をACまたはACアダプタで供給する物より，USBで供給する物のほうが電波障害に強いようです．

まれにですが，パソコンの電源が勝手にON/OFFする現象も報告されています．VCCIの技術基準もあるので，メーカ製のノート・パソコンを中心に格段に電波障害に強く，不要な電波を出さなくなりましたが，パーツを集めて組み上げる自作コンピュータはVCCIは関係なく，使用部品や各部品の取り付け状態により電波障害の影響を強く受けたり，ノイズ発生源になることがあるので注意が必要です．

ところで，基本ソフト（OS）の新製品投入頻度の関係で，3年～5年で機器が更新されることが多く，市販パソコンの低価格化にともないパソコンの自作ブームはかげりをみせ，結果として世の中で使われているパソコン機器の信頼性が向上す

写真4-11 筆者のパソコンに付けていた外部スピーカ．シールドもなく簡素な構造だった

写真4-10 ノート・パソコンの両脇に外部スピーカを置いた例

写真4-12 パソコンから音声信号を受け取るケーブルにシールド線が使われていない製品も中にはあるので，注意が必要

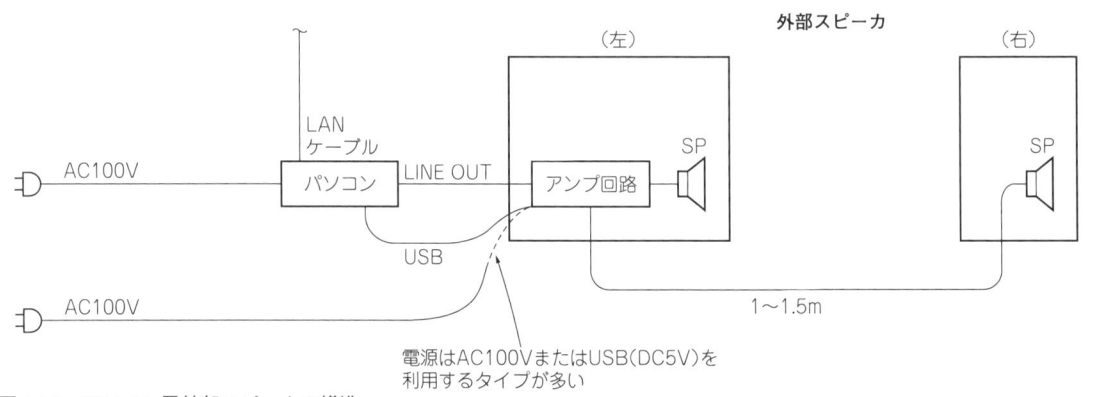

図4-14 パソコン用外部スピーカの構造

第4章　電波障害の予防と対策

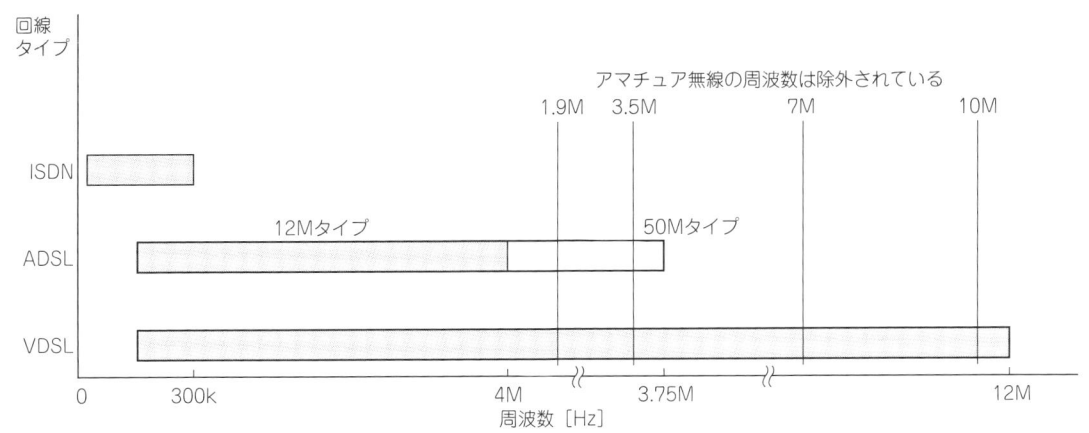

図4-15 デジタル加入者線（インターネット回線）と利用している周波数

ることで，電波障害のリスクもだんだんと低くなってきていると考えることもできます．

今は外部スピーカのような周辺機器やネットワーク・ケーブルの部分をポイントとして理解すれば，電波障害を効果的に抑えることができると言えるでしょう．

インターネット回線

今や，インターネットに接続する機器がますます増えてきています．最近では，CDやDVDプレーヤを使わずに，パソコンを使って音楽や映像を再生したり，インターネット回線を使ってラジオやテレビを楽しむ人も増えています（**写真4-13**）．

これは，インターネット回線の障害がパソコン以外の電話，オーディオ，ラジオ，テレビに広がることを意味します．

■ インターネット回線のいろいろ

メタルの電話線（光ファイバに対して，普通の電線を使う電話回線および配線ケーブルをメタルと呼ぶ場合もある）を使ってインターネットに接続する方法としては，以前はISDNしかありませんでしたが，後に，変調方式を大幅に変更したADSLと言われるタイプが登場しました．

ADSLについても複数のタイプがあり，通信スピードが速いものほど高い周波数まで使っていま

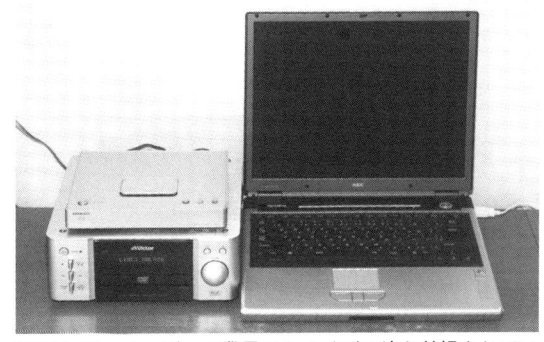

写真4-13 オーディオ業界からノイズの塊と敵視されていたパソコンが，高音質な音源として使われるようになった

す（**図4-15**）．似たような物として，マンションなどの各部屋に光ファイバの敷設が困難な場合は，一部回線をADSLより伝達可能距離が短いものの，通信速度が速いVDSLと呼ばれるタイプが使われています．

余談ですが，PLC（電力線搬送通信）と呼ばれるものがあり，2～30MHzまで利用しています（p.96の**図4-16**）．宅内の電灯配線とコンセントを使って伝送するもので，宅内（構内）ネットワークとして利用が想定されています．

それぞれ，アマチュア無線に割り当てられている周波数に影響を与えないように，アマチュア無線の周波数の部分のみ信号を低減させるフィルタ（ノッチ・フィルタ）が内蔵されているので，ア

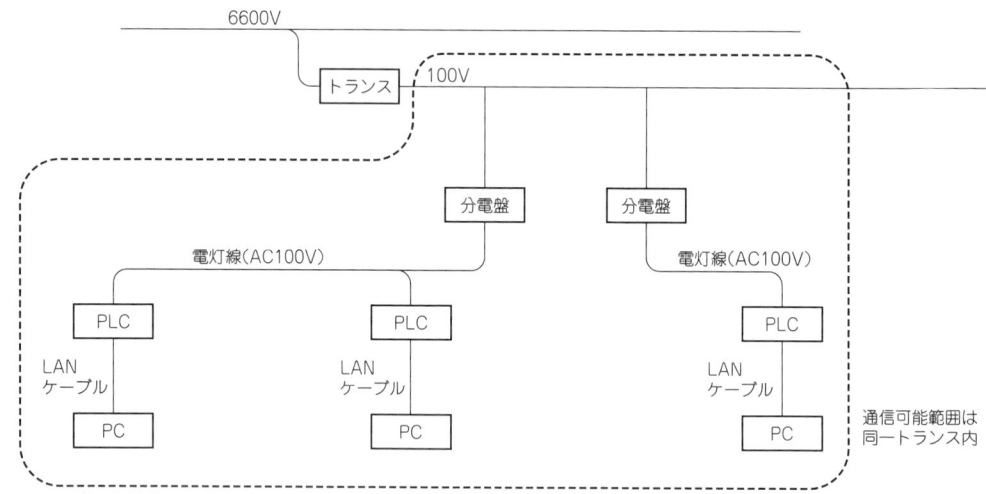

図4-16 PLC（電力線搬送通信）

マチュア無線側への影響は最小限に抑えられていると言われています．

■ **インターネット回線への電波障害とは？**

障害の現象として，通信の遮断（リンク・ダウン）や通信速度の低下があります．

例えば，アマチュア無線側で電波を送信すると，Webサイトの閲覧ができなくなったり，ページの更新（読み込み）が極端に遅くなります．

モデムのファームウェアを最新版に書き替えたり，モデムにつなぐ配線にパッチン・コアを付けるなどして対策します（通信の安定度が高まる）．

* * *

代表的な機器の障害事例について紹介しましたが，20年前と比較するとVCCIの技術基準に適合した機器の普及にともない，製品から出るノイズが大幅に減っています．また，携帯電話の普及によりアマチュア無線以外にも強力な電波を出す機器が増えたため，メーカーとしても日々対策を強化している背景があり，新しい機器になるほど障害に強くなっていると言えるでしょう．

4-3 電波障害の予防対策

自宅で電波障害が発生すれば，すぐに気がつきますが，近所の家で発生した場合は，症状が表面化するまで時間がかかります．

また，発生してから対策すると，事態の収束まで時間もかかるので，できる限りの対策はアマチュア無線局側で事前に施すべきです．そして，影響を受ける可能性がある機器についても，新しい機器ほど，設計時点でかなりの対策が施されているので，やはり，アマチュア無線側の対策が，最も効果的でしょう．

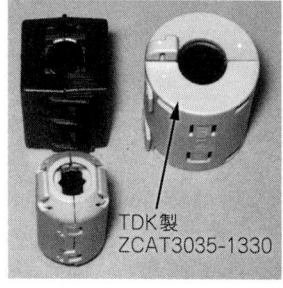

写真4-14 いろいろなタイプのパッチン・コア（フェライト・コア）筆者のお勧めは，5D-2Vなども通すことができるTDK製 ZCAT 3035-1330

第4章　電波障害の予防と対策

　市場にはいろいろな電波障害対策グッズが用意されていますが，本章では最も応用範囲が広く，入手が容易なパッチン・コア（**写真4-14**）を使う方法を中心に提案します．

アマチュア無線局側の対策

　具体的な対策はパッチン・コアを各部に取り付けることです（**図4-17**，**図4-18**）．アンテナはマッチングが取れた状態で運用してください．

　同軸ケーブル，電源ケーブル，トランシーバにつなぐケーブルにパッチン・コアを取り付けます．電源ケーブルなどは複数回巻きつけ（**写真4-15**），同軸ケーブルについては，線が太く巻きつけるのが難しいので，複数のパッチン・コアを取り付けてより一層の効果を得ます（p.98の**写真4-16**，**写真4-17**）．これによりケーブルに流れるコモン・モード電流をかなり抑制でき，その結果，

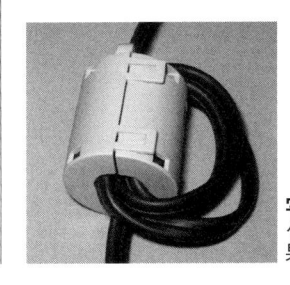

写真4-15　パッチン・コアにケーブルを2～3回巻くと効果がさらに高まる

図4-17　アマチュア無線設備側の対策（その1）
ダイポール・アンテナやモービル・ホイップを利用する場合のパッチン・コアによる対策例

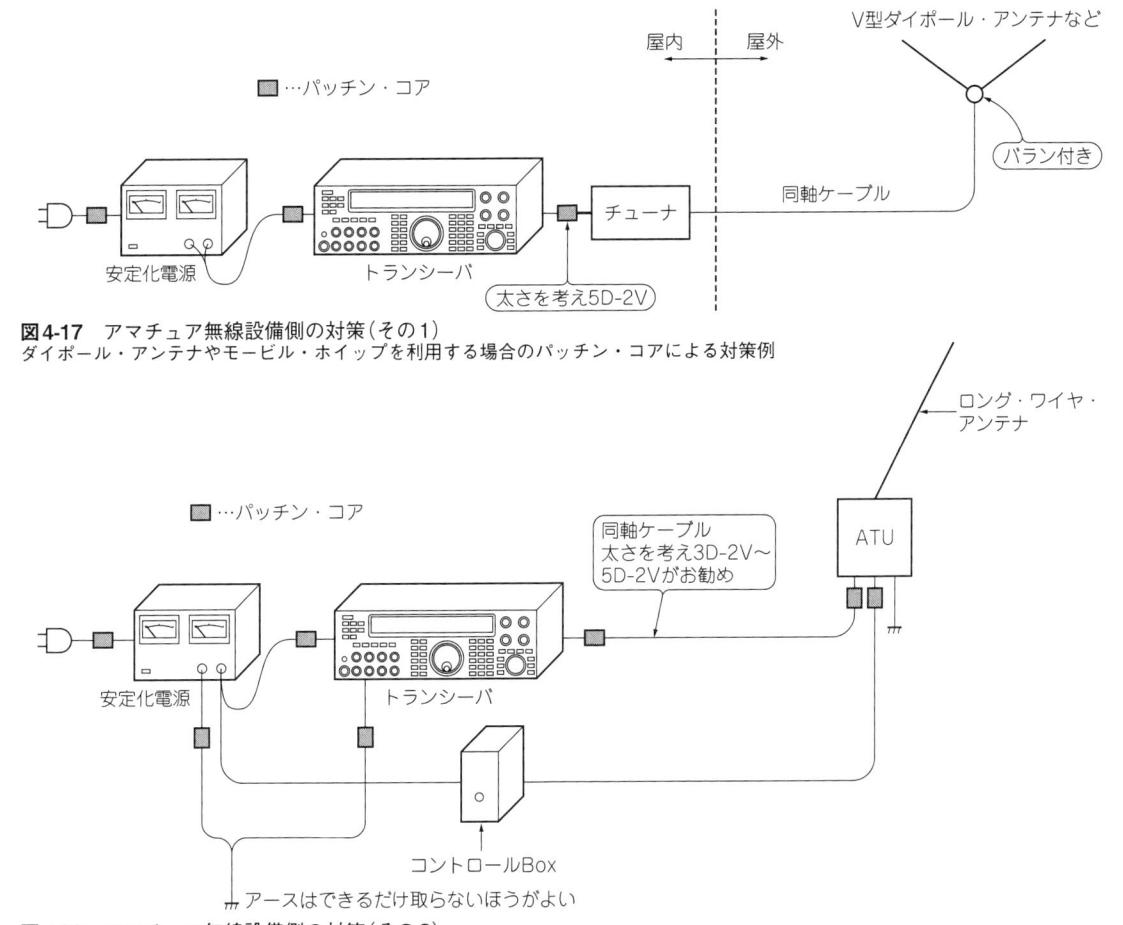

図4-18　アマチュア無線設備側の対策（その2）
屋外設置型オートマチック・アンテナ・チューナ（ATU）を使い，ロング・ワイヤ・アンテナを展開した場合のパッチン・コアによる対策例

写真4-16 同軸ケーブル(5D-2V)は太くて巻けないため，パッチン・コアを複数取り付けて効果を高める

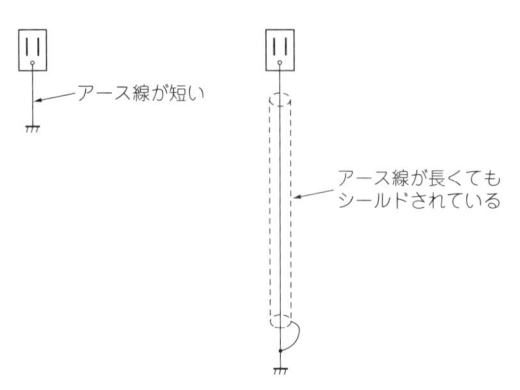

写真4-17 細い同軸ケーブル(3D-2V)は，パッチン・コアに巻き付けることができるので，効果をさらに高めることができる

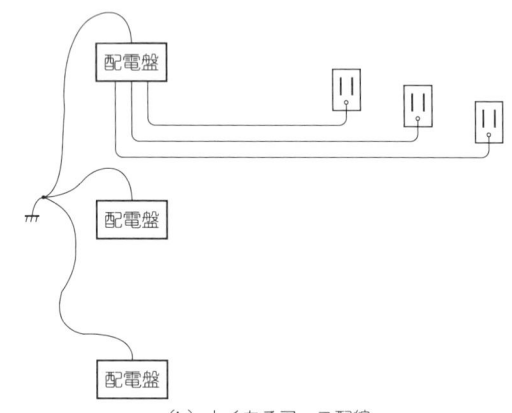

（a）理想のアース配線

（b）よくあるアース配線

図4-19 アース配線

電波障害の発生も抑制されます．

ところで，トランシーバ本体にアースを取るべきか悩むかもしれません．これは，感電防止という意味では効果がありますが，電波障害を防ぐのが目的ならば慎重に考える必要があります．

市販のACライン・フィルタについては，20年前はノーマル・モード中心でしたが，最近はノーマル/コモン・モード兼用タイプが一般的です．アース付きの場合は，アースを確保しないと期待どおりの働きをしない場合があるので，適当な物が入手できないときは，パッチン・コアを使った，コモン・モード対策でようすをみます．

アースの難しさ

アース線が理論どおりに大地に直結している場合はお勧めできますが［**図4-19**（**a**）］，通常は接地ポイントまで配線を敷設する必要があります．たいていの場合，建物に既設のアース・ポイント（例えばコンセントに付いているアース端子）は，ほかの機器のアースも取られているので，電位の関係で，アースに流れた高周波が逆流して，ほかの機器に流れ込むことがあります．

プロの世界では，一点独立アース（機器ごとに独立したアース・ラインをもつもの）で，重要な部分についてはシールドして，万全の対策を行います［**図4-19**（**a**）の右側の図］．

屋外用コンセントなどで見かけるアース端子は，**図4-19**（**b**）のように，すべて感電防止の保安用で高周波用ではないので，基本的には，使わないほうが良好な結果が得られるのですが，あえてそれを使う場合には，比較実験をしながら効果を確認するようにします．

第4章　電波障害の予防と対策

■ 高周波感電

　アースが必要なアンテナで，発生する現象です．アンテナ側のアースが不十分だと，トランシーバと大地の間の電位が高まり，送信中にトランシーバの金属部分に触ると，ピリッと感電する場合があります．場合によっては，トランシーバの動作が不安定になり送信中に変な音（異常発振）が混じったり，トランシーバが受信状態に戻らないときもあります．

　解決策はトランシーバ本体やアンテナにしっかりしたアースを取ることなのですが，アパマン環境で十分なアースが取れない場合は，カウンターポイズをアンテナのアース側やトランシーバのボディにつなぐと改善される場合があります（図4-20）．

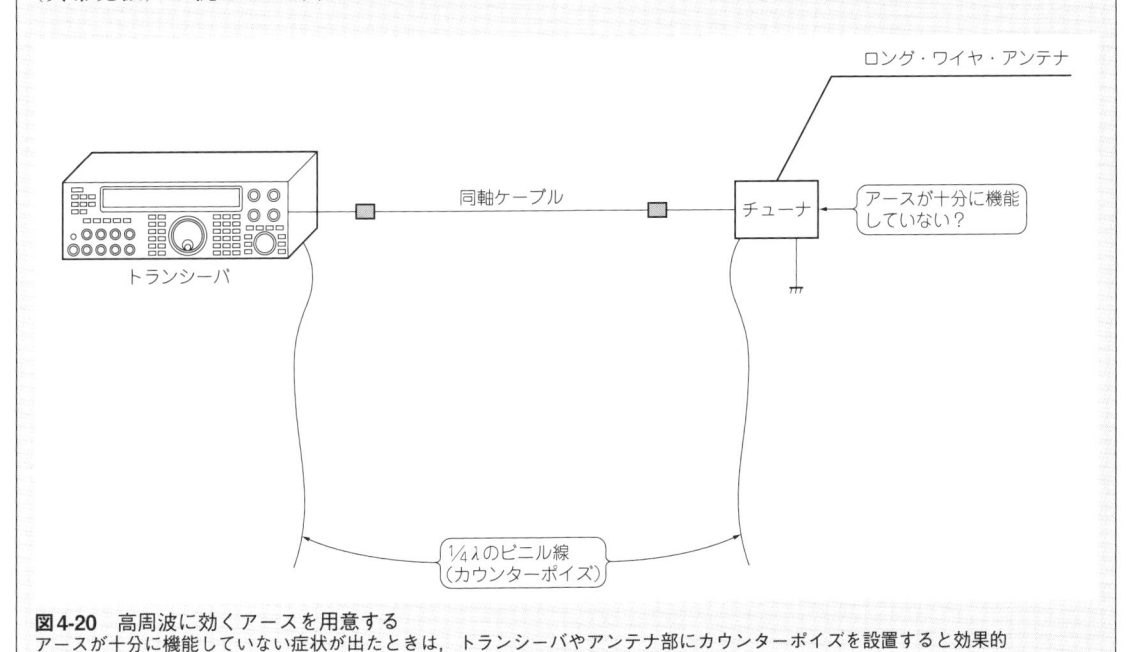

図4-20　高周波に効くアースを用意する
アースが十分に機能していない症状が出たときは，トランシーバやアンテナ部にカウンターポイズを設置すると効果的

■ 周辺装置の調子が悪い

　トランシーバにつないだマイク・コンプレッサやCQマシーン，エレキーなどの周辺装置の調子が悪い場合，それらの電源を別系統から取るように変更すると解決できる（調子が戻る）場合があります．例えば，小型のACアダプタを使ってそれらの周辺装置を動作させてみたり，消費電力が少ないようなら，電池で動作させてみます．

　電波障害と同じように，電源ラインを経由して電波が入り，機器が動作不良を起こしている可能性があるので，伝達ルートを大幅に変更すると解決できる場合があるのです．

4-4　電波障害が発生した場合の対策

　アマチュア無線ブームのころと比較すると，機器の進歩により，電波障害の発生する可能性は低くなりましたが，それでも発生するのが電波障害です．アマチュア無線が原因の電波障害の場合，アンテナやトランシーバともっとも近い自宅で真っ先に障害が出る傾向があります．

　症状が1件でも出た場合，そのほかの設備にも症状が出ている可能性があり，連絡がないだけかもしれないので，周囲の人たちにも同様の現象が発生していないのかなど，現状を知る必要があります．

　また，障害発生時は早急な対策が必要ですが，対策後の効果を確認するためにも障害の状況を確認して記録しておきます（**図4-21**）．まれに，対

アマチュア無線局側　　　　　　　　　　　　　　　　**障害発生側**

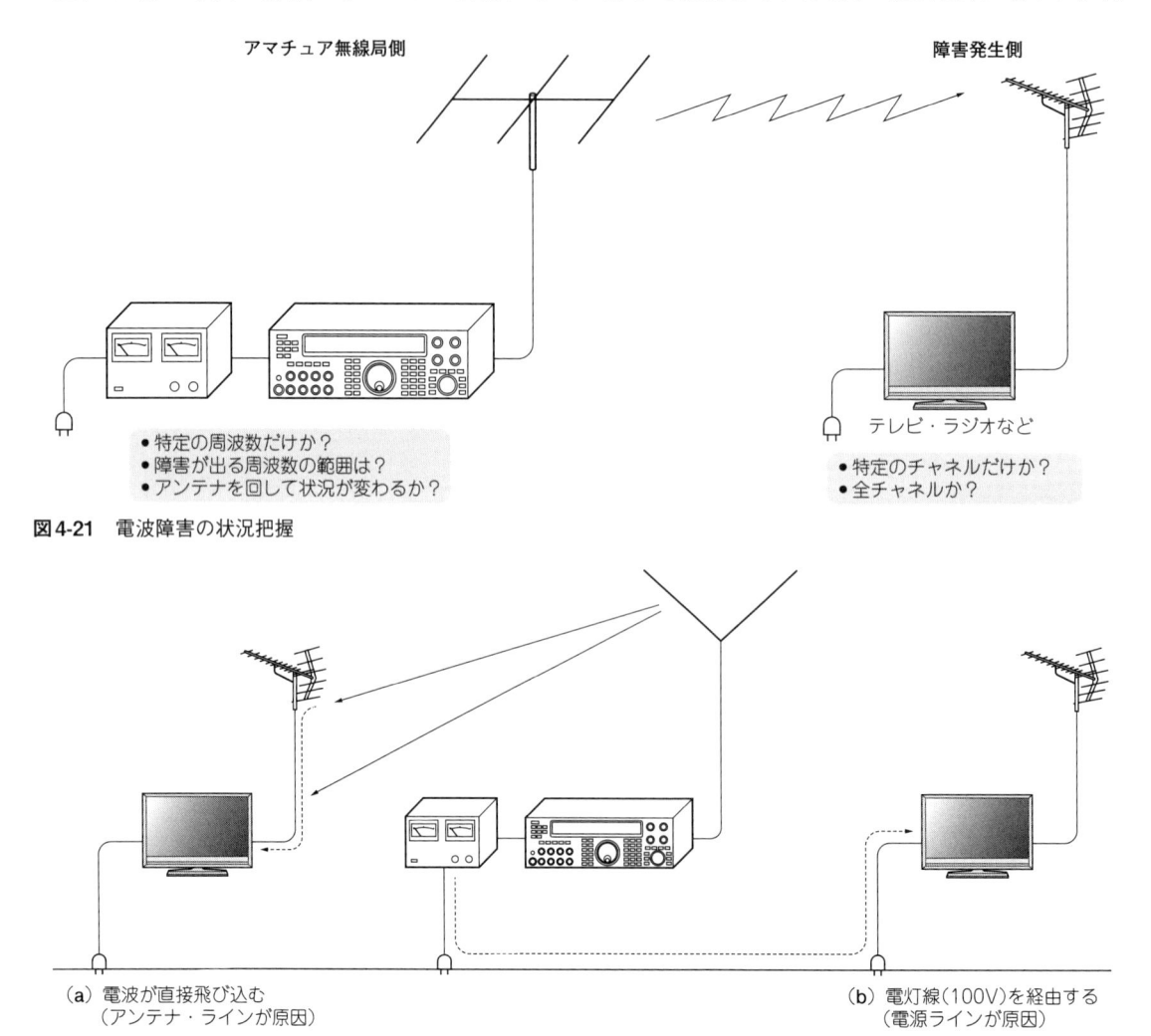

- 特定の周波数だけか？
- 障害が出る周波数の範囲は？
- アンテナを回して状況が変わるか？

テレビ・ラジオなど

- 特定のチャネルだけか？
- 全チャネルか？

図4-21　電波障害の状況把握

（a）電波が直接飛び込む
　　（アンテナ・ラインが原因）

（b）電灯線（100V）を経由する
　　（電源ラインが原因）

図4-22　電波障害のメカニズム

第4章 電波障害の予防と対策

策を行った結果，症状が悪化する場合もあるので，比較データとして役立てるためです．

電波障害の解決策として，症状を詳細に分析しながら効果的な対策を模索する方法もありますが，実際は，いろいろな要因が複雑に関係し合っていることが多く，単純な電波障害モデルとして表現することが困難です．

本書では，パターン化した対策を施すことにより，理屈より障害を抑える方法を重点的に説明したいと思います．

難易度の判定

電波障害については，一定以上の送信出力で発生することが大半です．当然，出力を上げると発生する確率が高まります．一つの目安として，出力を半分に低下させて症状に変化がないか確認します．

昔のトランシーバだと，送信出力の細かい調整は難しかったのですが，最近のトランシーバなら1/10ぐらいの出力までボリューム一つで簡単に下がると思います．

送信出力を変えて，症状が消えるようなら，少しの対策で改善される可能性があります．一方，1/5から1/10まで下げても，症状が残るようなら，かなりの対策が必要であることを覚悟する必要があります．

伝達ルートの見極め方法

無線機から送信された電波が，どのようなルートを通って電波障害を発生させているのか見極めてから対策方針を決めましょう．

■ アンテナ系統にルートがある場合

図4-22(a)のようにアンテナ・ラインから入ってきていると推測する場合は，ダミー・ロードを取り付けてラインを断ってみます[**図4-23**(a)]．症状が収まればアンテナ・ルートが主原因だと判断することができます．筆者の経験では，アンテ

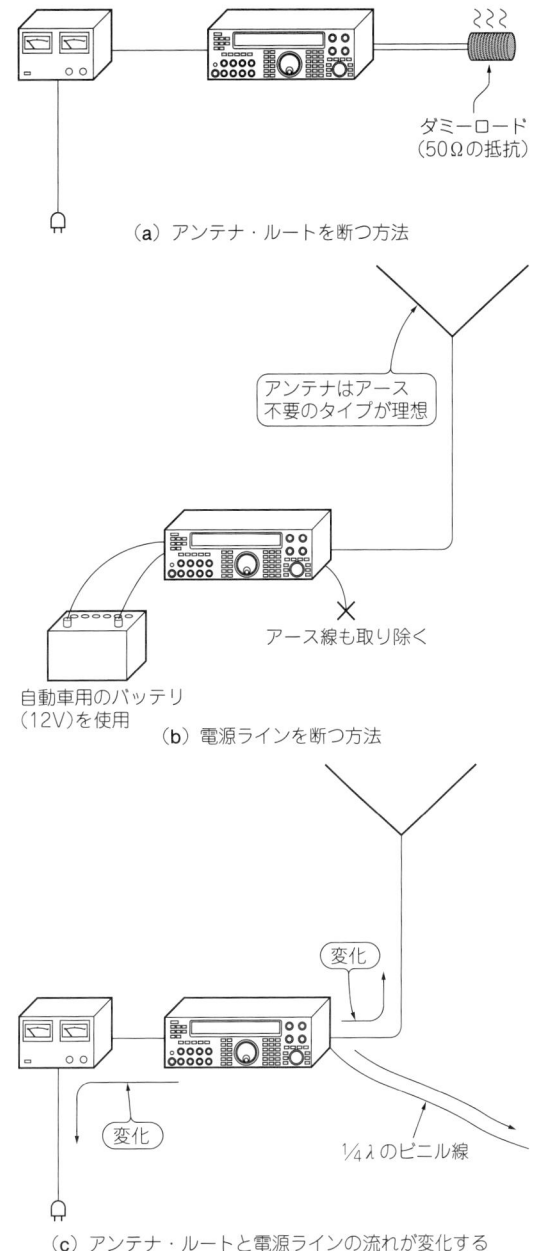

(a) アンテナ・ルートを断つ方法

(b) 電源ラインを断つ方法

(c) アンテナ・ルートと電源ラインの流れが変化する

図4-23 電波障害の切り分け

ナ・ルートと判定したことが圧倒的に多かった記憶があります．さらに，パッチン・コアの個数を増やしたり，取り付ける場所を変えてみて症状が

変化するかを確認します（**図4-24**）．

■ **電源ラインにルートがある場合**

p.101の**図4-22**（**b**）のように電源ラインから入ってきていると思う場合は，p.101の**図4-23**（**b**）のように自動車用のバッテリを使って試してみます（DC12Vで動くトランシーバの場合）．

■ **ルートを変化させる方法**

p.101の**図4-23**（**c**）は，高周波的なアースを作って高周波電気の流れるルートを強制的に変化させて，症状が変わるかを確認する方法を図示したものです．

症状が悪くなる場合もありますが，少しでも変化があればアマチュア無線機器側の対策で，電波障害が収まる可能が高いと判断できます．

実際は，アンテナ・ラインと電源ラインが複雑に関係しながら障害が発生しているので，判定は難しいのですが，症状の変化を観察すると，おおよその見当がつくと思います（**図4-25**）．

アマチュア無線機器側の対策

怪しいルートに既にパッチン・コアが付いている場合は，一度取りはずして変化を確認してみます．症状に変化があるようなら，**図4-26**のようにパッチン・コアの個数を増やしたり，取り付け位置を変更します．同軸ケーブルが太いと部品の取り付け，取り外しが大変なので，HF用としては細めの同軸ケーブル（5D-2V，3D-2V）を使うことをお勧めします．

また，電源ラインについては，さらに効果の高いACライン・ノイズ・フィルタの取り付けをお勧めします．

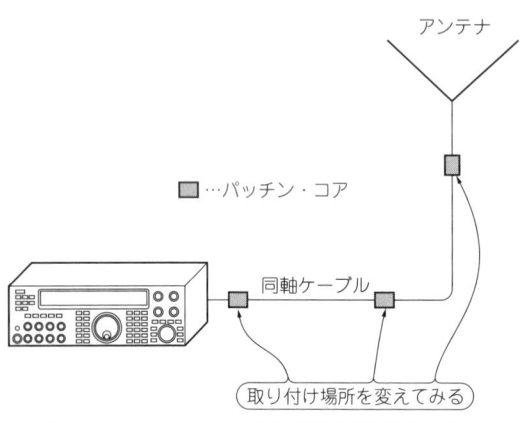

図4-24 パッチン・コアの取り付け場所（位置）を変えてみる

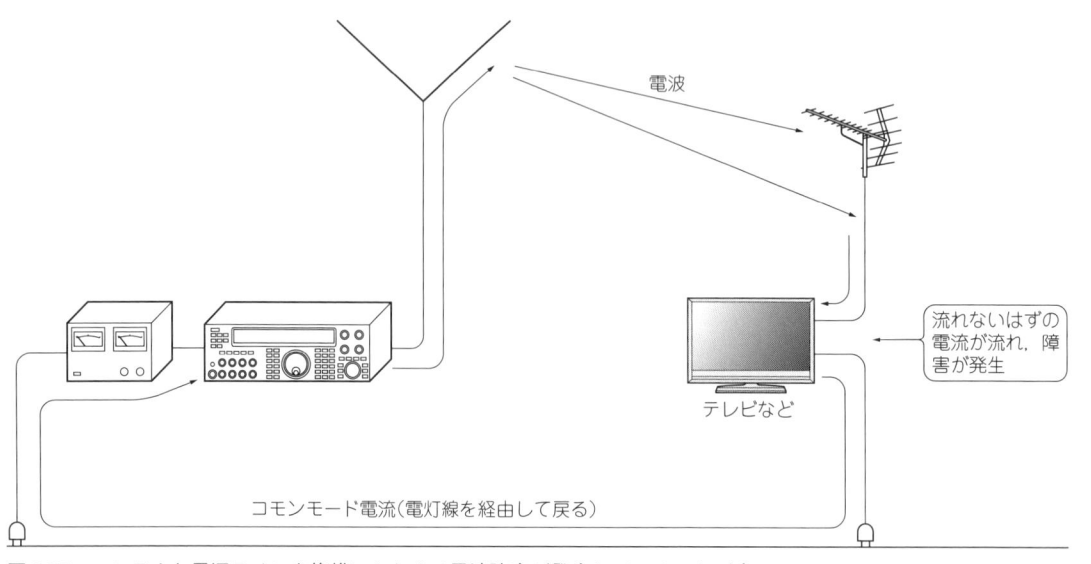

図4-25 アンテナと電源ラインを複雑にからめて電波障害が発生していることが多い

第4章 電波障害の予防と対策

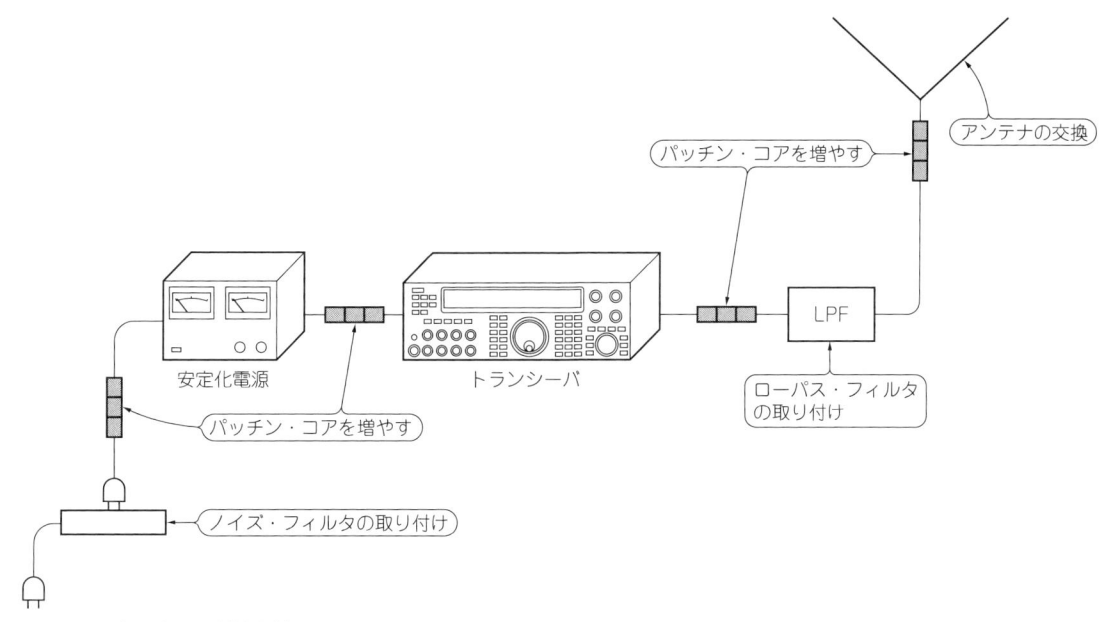

図4-26 解決に向けた対策方法のいろいろ

　アンテナとして，ロング・ワイヤ・タイプを使っている場合は，思い切って短縮ダイポールや，ループ・アンテナなどのアースを使わないタイプに変更すると，高周波的な電位が安定したり，電波の輻射面も変わるので意外な効果があります．消極的な解決策かもしれませんが，送信パワーを落とす方法が最も簡単で効果があります．

　最近のトランシーバではすべてのモードで簡単に調整できるようになっています．出力とデシベルの関係は**表4-2**のようになります．信号の強さの目安としてSメータの数値が使われますが，使っているトランシーバにより特性がまったく異なります．

　一例として，S＝9の信号を1/10（－10dB）にすると，S＝9の信号がS＝1に下がる物もあれば，S＝7程度までしか下がらない物もあり，Sメータを基準にして大小関係を評価すると出力の差の本質を見失ないます．

　実際に運用すると，わずかなSメータの差が勝敗の境目となる場合もありますが，マンションの

出力	比	デシベル
100W	1	0dB
50W	1/2	－3dB
20W	1/5	－7dB
10W	1/10	－10dB

表4-2 100Wを基準にした場合の出力とデシベルの関係

ように制限された環境から運用する場合は，パワーダウンも電波障害の対策の一つと考えることも重要かもしれません．

障害発生側での対策

■ インターホンなどの場合

　電波障害が発生してしまった機器の本体から出ているケーブルにパッチン・コアを取り付けて変化があるかどうか確認します（p.104の**図4-27**）．

　最近の機器はEMC対策（ノイズ対策）のため，ケーブルや基板内にすでに対策が施されている場合も多く，効果がない場合もあります．

■ テレビ用受信ブースタ

　ところで，テレビのデジタル化にともなう機器の多様化で，分配器やテレビ用受信ブースタを多

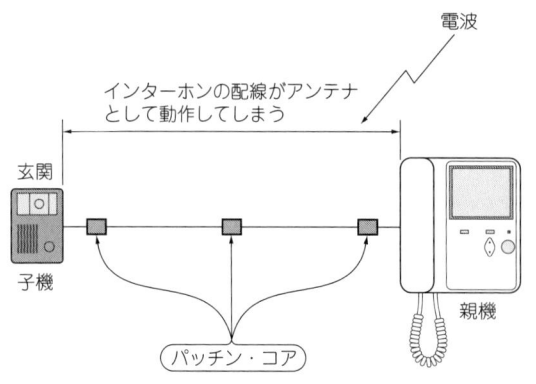

図4-27 インターホンに障害が発生した場合の対策例
インターホン　長い電線を高周波的に分断する

用するケース（**図4-28**）も考えられます．信号レベルが低下するのを防ぐため，追加でテレビ用受信ブースタを使うケースも出てくるでしょう．これらテレビ用受信ブースタは必要以上のゲインに設定すると回路が飽和しやすく，電波障害の原因になるので，ブースタの有無のチェックもポイントの一つです．

自宅ならいろいろな対策ができますが，近所の場合は現地まで訪問する必要があるので，効果的な対策が難しいのが現状です．

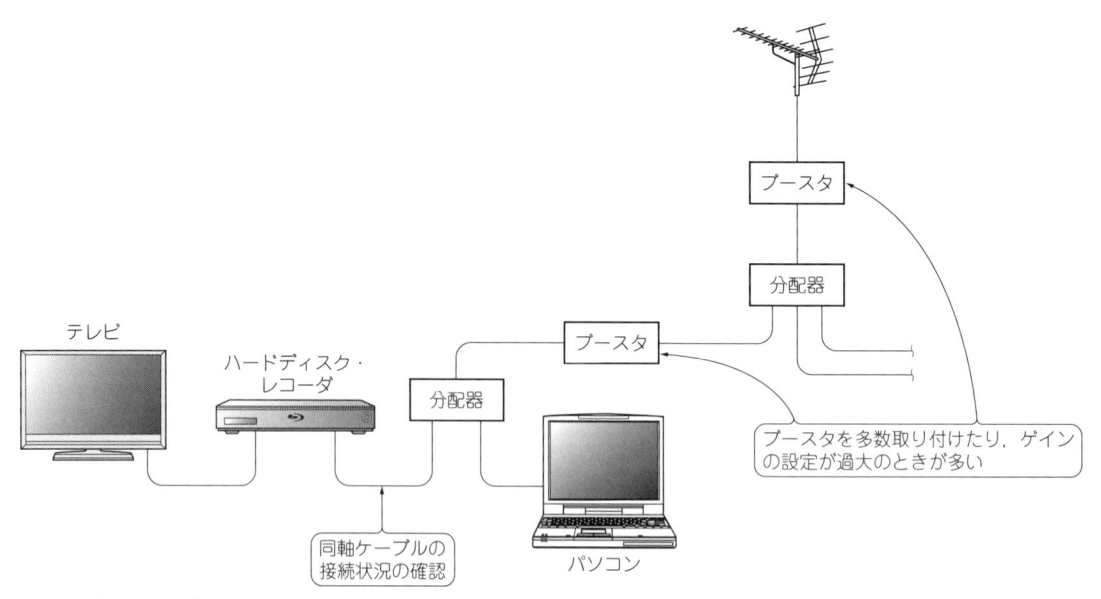

図4-28 デジタル時代のテレビ・システムと電波障害発生時のチェック・ポイント

4-5　アマチュア無線側が影響を受けた場合

アマチュア無線の周波数（特にHF）を聞くと多くのノイズが聞こえます．自宅の機器なら自由に触れますが，近所で発生している場合は，いろいろな交渉が必要になるので，難易度が高くなります．

自宅の機器に原因がある場合は，怪しい機械の電源を切って，ノイズがなくなれば，その機器が原因だと判明します．

ノイズの発生源として多いのが，長いケーブルでつながった装置や，インバータ回路が内蔵され

第4章　電波障害の予防と対策

ている機器です．長いケーブルのつながった物の代表格が電話や複数のパソコンをインターネットにつないでいる場合のLANケーブルです．

インバータについては，エアコン，洗濯機，冷蔵庫にもよく使われていますが，意外と盲点なのが蛍光灯なので，入念に確認する必要があります．上記で紹介した，パッチン・コアを使って，いろいろと対策するよりも，機械が古いようなら新しい物に置き換えるのも有効な方法です．特に蛍光灯のインバータ・ノイズに関しては，機器交換の方が即効性があります．機器を交換する場合は，VCCIクラスBに適合した商品があるようならそちらを利用すると効果的です．

近所の設備が原因の場合は，原因機器の特定作業が困難で，たとえ見つけだしても対応を依頼する場合に，かなりの手間となります．アンテナの多バンド化を図れば，コンディションの良い周波数で運用することはもちろんですが，ノイズの少ない周波数で運用することも可能です．

家庭内ネットワーク（LAN）のノイズ対策

2台以上のパソコンを一つのインターネット回線（契約）で利用する方法として，ハブやルータを使った家庭内ネットワーク（LAN）が普及しています．無線（2.4GHzや10GHz）を利用した無線LANとLANケーブルで配線するタイプがあり，特に後者のLANケーブルの配線がノイズ発生源になることがあります．

このLANケーブルにも2種類あり（**写真4-18**），従来からよく使われてきたのがUTPケーブルです．ほかに工業用として外側にシールドを追加したタイプが，STPケーブルとして販売されています．これは，ケーブルが少し太く，コネクタ部分にも金属の板がセットされているのが特徴です（**写真4-19**）．

家庭向けにもシールド付きのSTP対応品（**写真4-20**）が売られていますが，家庭用HUB（**写真4-21**，**写真4-22**）には肝心のアース端子があり

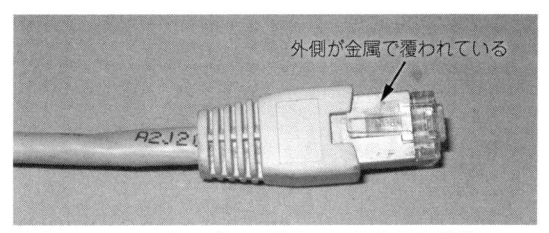

写真4-19　STPケーブルの場合，コネクタの外側でアースに接続するために微妙に構造が異なる

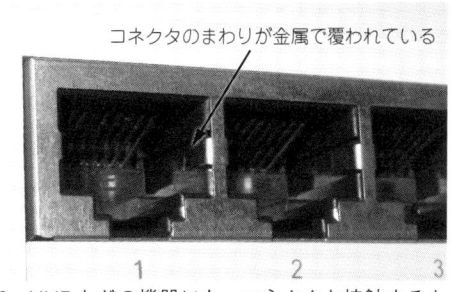

写真4-20　HUBなどの機器にも，コネクタと接触するための金属端子が設けられている

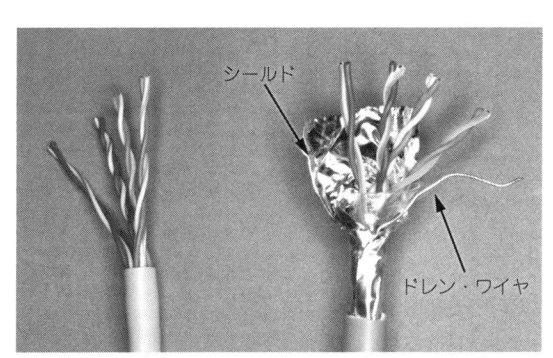

写真4-18　（左）UTPケーブル，シールドあり．（右）STPケーブル，シールドなし

写真4-21　AC電源内蔵タイプであるが，ACプラグにアース・ラインがない

アパマン・ハム入門 | 105

写真4-22 ACアダプタを利用するタイプなので，アースに落ちない

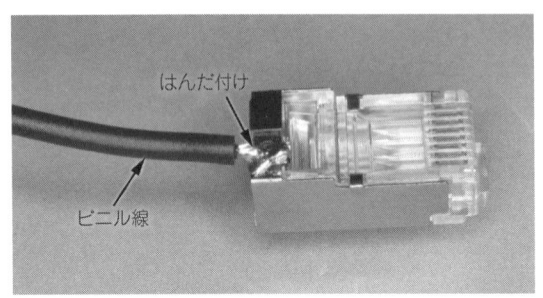

写真4-23 STP専用のコネクタにビニル線をはんだ付け

写真4-24 HUBのポートを1個使ってアースにつなぐ

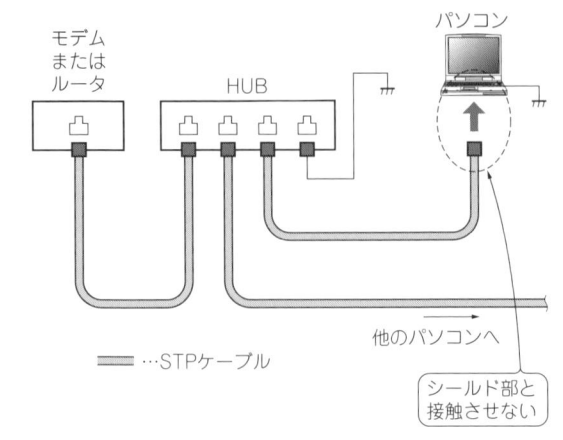

図4-29 家庭内ネットワーク(LAN)のノイズ対策

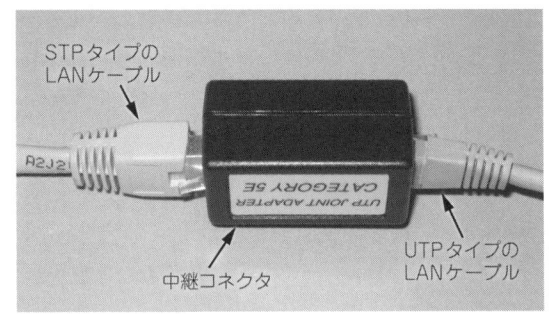

写真4-25 パソコン側でLANコネクタがアースにつながっている場合は，必要に応じて中継コネクタを間に入れて絶縁する

ません．そこでアース確保用のコネクタ（**写真4-23**）を自作してHUBのポートを1口使ってアースにつなぎます（**写真4-24**）．

LANの配線についても一点アースが基本です（**図4-29**）．パソコンがすでにアースにつながっている場合には，LANケーブルのアースにつながないことがかえって効果的な場合があります（**写真4-25**）．STPケーブルはアースのつなぎかたを間違えると，UTPケーブルよりトラブルに合うことが多いのですが，適切に処理すれば大きな効果が期待できます．

■ 無線LANを活用する

HUBに接続するケーブルがノイズの発生源ならば，無線LANを利用してケーブルを必要最低限に抑える方法もあります．無線LANルータを用意して，モデムとルータをつなぐLANケーブルを極力短いものを選び，ルータとパソコンの間を無線でつなげばLANケーブルから発生するノイズを必要最低限に抑えることができます．最近は無線LANルータも以前より安価なので検討の価値はありそうです．

第4章　電波障害の予防と対策

■ ACライン・ノイズ・フィルタを作る

　パッチン・コア（TDK製　ZCAT3035-1330）を使って，ケーブルの巻き方を変更して性能アップに挑戦しました（**写真4-26〜写真4-32**）．このようにケーブルの巻き方を左右非対称にすることにより性能が向上しますが，さらに性能を高める場合は直径の大きなフェライト・コアに巻いてください．

　使用したパッチン・コア　TDK製　ZCAT3035-1330　はマルツ・パーツ館 のWebサイトから通信販売で購入したものです．

マルツ・パーツ館URL：
http://www.marutsu.co.jp

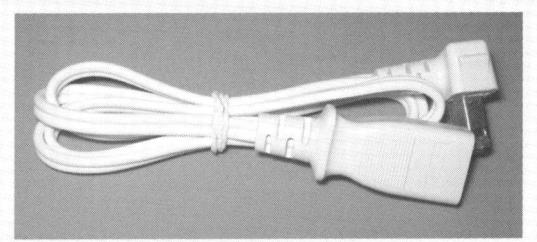

写真26　市販の1.5mの延長ケーブルを利用する

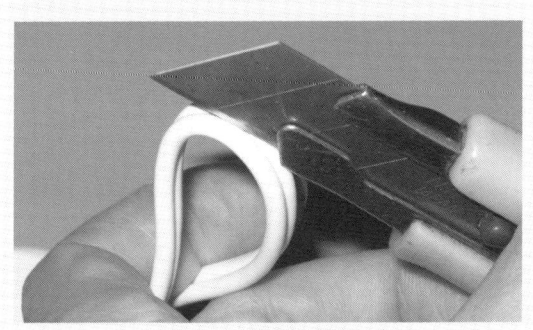

写真27　ケーブルを二つに割くため，カッターで少しだけ傷をつける

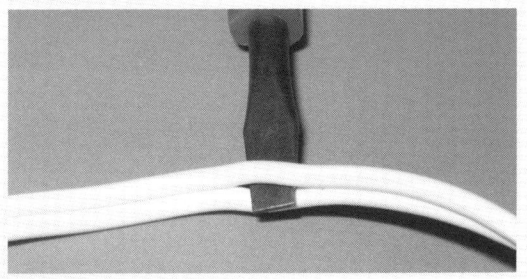

写真28　マイナス・ドライバを使って約45cmケーブルを割る

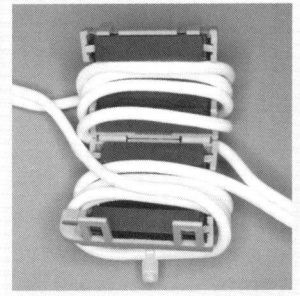

写真29　開いたパッチン・コア（TDK製 ZCAT3035-1330）の左右に，それぞれのケーブルを反対方向に巻く（キャンセル巻き）

結束バンドで固定

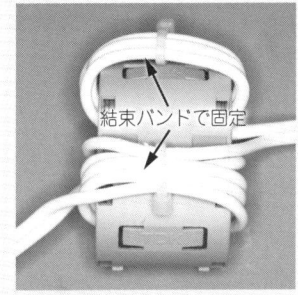

写真30　ケーブルが動かないように結束バンドでしばる

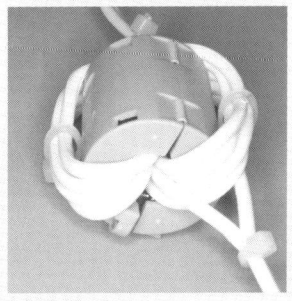

写真31　パッチン・コアを閉じる．

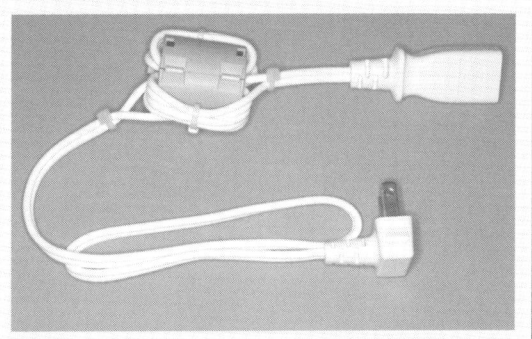

写真32　完成したACライン・ノイズ・フィルタ

アパマン・ハム入門　|　107

第5章

アンテナ設置の許可

アパマン・ハムの最大の**悩み**は，共同住宅という環境のもとでどうやってアンテナを設置するかです．それには，すでに4章までで考えてきた設備的な的な面はもちろん，賃貸の場合はほかの入居者とオーナー，分譲マンションの場合はほかの入居者，所有者との関係も重要です．この章では分譲マンションと賃貸アパマンに分けて，アンテナ設置の許可(承諾)の必要性やその方法などについて考えてみます．

5-1　分譲マンションへのアンテナ設置

マンション住まいで，普通にアマチュア無線を楽しみたいと思えば，最低でもバルコニーにアンテナを設置したくなります(**写真5-1**)．アンテナはより高く，見晴らしの良いところに設置するのが理想です．マンションならば，できれば屋上に，と思うのがアマチュア無線家としての本音ではないでしょうか．しかしここは共同住宅，その名のとおり一つの建物や敷地を住人が共同で使用するもので，入居者が排他的に使える場所は玄関ドア，窓，壁の内側とそれらと接するバルコニー(そのほか規約で定められた部分)に限られます．

それ以外の部分は共用部(共有部)といわれる部分で，その用法を個人の都合で勝手に変更(占有)することはできません(**図5-1**)．

分譲マンションの規約の考え方

分譲マンションの場合，管理規約と使用細則(以下，二つあわせて規約)が定められていて，それを所有者および入居者全員が守ることによりマンションの秩序や良好な住環境を保っています．この規約は「建物の区分所有等に関する法律」で定めることができるとされている規約で，ほぼすべての分譲マンションに，最低でもこの二つの規約があります．規約の基本的な内容以外は，マンションごとに微妙に異なるので，まずその内容を知ることが大切です．

一般的な分譲マンションでは，使用する権利がある部分をそれぞれの特性にみあった「通常の用法」に従って使用するように定めていて(**図**

写真5-1　バルコニーに設置したアンテナの例

第5章　アンテナ設置の許可

図5-1 占有部分と共有部分（イメージ）

図5-2 管理規約の「専用使用権を持つ部分の一覧表」の例．基本的に部屋以外の共用部で排他的に使用している設備や空間は，共用部に専用使用権を根拠に利用している．用法は管理規約の定めに従う必要がある

図5-3 使用細則の中の一文（例）．この例の場合，アンテナという文言は出てこないが，（4）の諸設備についての記述がアンテナについても適用される可能性が高い．このように，いくら排他的に使えるスペースであっても，管理組合の承諾（同意）が必要なことがある

5-2)，その具体的な「用法」の内容や禁止事項，管理組合の承諾が必要な行為は使用細則に書かれています．

まれにアンテナの設置が制限されていたり，アマチュア無線禁止と書かれている場合があるので注意が必要です．

アンテナ設置の承諾が必要なケース

一般的なバルコニーへのアンテナ設置を想定して考えてみます．まずは管理規約を読み，設置を計画しているアンテナの規模や取り付け方法が，承諾不用なのか，事前に通知して確認すればよいのか，管理組合からの承諾が必要なレベルかどうかなどを判断します（**図5-3**）．

規約にバルコニーへの設置物について具体的な定めがない場合は，通常の利用範囲を超えているかどうかが用法違反かどうかの判断の境目ですが，客観的に考えて，同じマンションに，衛星放送のパラボラ・アンテナをバルコニーに設置できている場合は，ちょっとしたアマチュア無線のアンテナをバルコニーに設置して用法違反を問われてしまうのも，行きすぎという考え方もあるかもしれません．設置した後，もし問題が出てから用法違反かどうか検討するということになる可能性がありそ

アパマン・ハム入門 | 109

うな場合は，事前に管理組合の役員に相談するとよいでしょう．

一方で，アンテナの設置が規約で禁止されている場合もあります．この場合，その根拠を探り，例外として認めてもらえそうか（例外として認めてもらう方法はありそうか），それともこの規約を改定しなければだめなのかを見極めます．規約を変更する場合，バルコニーへのアンテナの設置を可能にするのも，屋上へアンテナを設置する承諾（屋上の一部を使用する権利）を得ることも，要する手間ひまは，規約を改訂する観点からすれば同程度と思われます．美観を意識するならば，バルコニーではなく屋上にメーカー製のアンテナをきれいに設置したほうがよいとアピールするのも得策かもしれません．

未承諾設置時のトラブル予防策

管理組合の承諾が必要なのに承諾を得ないで設置した場合や，承諾を得るべきかの判断がつかないまま設置している場合は，どのようなことが想定されるでしょうか．

派手にアンテナを上げていないかぎり，そのまま何事も起こらず黙認状態になり，いずれ既成事実が成立する場合が多いと思います．実際に想定される出来事としては，ほかの住人から問い合わせが直接または間接的に舞い込んでくることが考えられます．問い合わせならまだしも，「危険だ」や「美観を損ねる！」という苦情だとしたら少々やっかいです．

実際にこのような問い合わせや苦情に対応して納得してもらえればよいのですが，こじれた場合は撤去という結末になるかもしれません．

このような展開にならないためにも，管理団体から「承諾」というお墨つきを得たり，アンテナを設置する場合は，それが「気になる」と想定される人たちの動向や管理組合の運営などについて関心を持ち，適切に交流しておくと，苦情になるレベルのボーダーラインも上がり，万が一何かあったときも話し合いで解決できる可能性が高まります．

禁止から許可への道のり

規約でアマチュア無線用アンテナが禁止されていたり，屋上などにアンテナを設置したい場合には，例外として承諾を得るか，規約の変更という最後の手段があります（**写真5-2**）．

マンションの管理規約は「建物の区分所有等に関する法律」で定められた部分（重要な決定に対して必要な議決権数など）以外は，管理組合総会の議決に基づく変更もできます．規約の変更を意図した交渉ごとは粘り強さが必要ですが，成功した人の話を聞くと，マンションの運営に積極的に協力したり，実際に管理組合の役員を経験して事情をよく知ったうえで，これらの交渉に臨み，成功しています．

間違いなく言えることは，管理組合やほかの入居者には，アンテナを建てることのメリットは何もありません．リスクが増えるだけ，と思ってしまうかもしれません．そんな逆風のなか，なんとか理解してもらうためには，日ごろからの心がけが肝心です．同じマンション内で理解し協力，賛同してくれる味方を増やすことも必要でしょう．

写真5-2　屋上に設置したアンテナの例
承諾を得てマンションの屋上にアンテナを設置することも，マンションによっては不可能ではない

5-2 賃貸アパマンへのアンテナ設置

賃貸アパマンのルールと交渉相手

■ 賃貸アパマンのルール

賃貸アパマンの場合，入居者（賃借人）が使用できる部分は，賃貸借契約時に指定された部分です．通常は借りた部屋とそこに接するバルコニーで，それらの用法は，特にオーナーや管理会社などから制限や指定がないかぎり，バルコニーならバルコニーとして通常の用法で使用することが前提です．

中には分譲マンションの一室を貸しているケースもあります．この場合，賃貸借のルールと，その分譲マンションの管理規約，使用細則を守らなければなりません．

■ アンテナ設置交渉の相手方を知る

多くの賃貸アパマンでは，オーナー（大家さん）が不動産会社に管理を委託していたり，賃貸管理を請け負っている不動産会社（＝管理会社）がオーナーに代わって契約手続きから入居者対応，賃料の集金までのすべてを行っています．代理の場合の交渉相手は，不動産会社と思ってよいでしょう．このあたりの関係（表5-1）は，賃貸借契約を締結するときに交付される「重要事項説明書」に記載されているので確認してみましょう．

このように，世の中の多くの賃貸アパマン・オーナーは不動産会社に運営を任せています．この場合，交渉相手は不動産会社です．バルコニーにあまり目立たないアンテナを付ける程度なら，どんなアンテナをどのように設置して，どのような外観になるかを簡単に説明すれば，口頭で「いいよ」で済むこともあるかもしれません．

● 熱心なオーナーの場合

一方でオーナーがその賃貸アパマンの一室に住んでいたり，運営に熱心なオーナーの場合，専門的なスキルが必要な部分だけを不動産会社に任せているケースもあります．この場合，交渉相手はオーナーか不動産会社です．オーナーに相談するか，管理会社に相談するか悩むかもしれませんが，オーナーに気軽に話せるかが相談できるかどうかのポイントとなるでしょう．

屋上や屋根の上の使用承諾

賃貸のアパマンでも，屋上や屋根の上が利用できそうな場合，交渉してみるのも一つの方法です．

考え方としては，賃貸アパマンに駐車場が併設されている場合，駐車場の使用料を追加すれば駐車場と部屋を使うことができます．それと同じような感覚で屋上を借りてしまおうというものです．そんな話は前代未聞と驚かれてしまうかもしれませんし，もともと屋上は賃料が取れない場所ですから，そこも収入になるとなると悪い気はしないでしょう．

オーナーとの信頼関係が良好だと，無償で使わせてもらえることもあるかもしれません．オーナーの立場だと，信頼関係ができている入居者（＝いい入居者）にはできるかぎり長く住んでいてもらいたいという心理からか，その人の要望は実害がないかぎり聞き入れてくれる可能性が高いといえます．もちろん，何か問題が発生したら誠意をもって対応する，賃料の滞納は絶対にしない，安全管理，電波障害などへの対策は徹底して行うなど，オーナーやほかの入居者に不安な印象を与え

表5-1 賃貸アパート・マンションの交渉先

形態	交渉先	説明
① 代理	不動産会社	不動産会社が貸主に代わって賃貸マンションの運営を行う
② 仲介	不動産会社または貸主	貸主はオーナーで不動産会社は管理運営を委託されて行う
③ 転貸	不動産会社	不動産会社がオーナーから借り上げて入居者にまた貸し（転貸）するタイプ

表5-2 オーナー（貸主）が不安になりがちなことと，それに対する対応策

■ オーナーの不安（予想されるもの）	■ オーナーの不安を解消する提案
① アンテナ設置に伴う建物への影響 　（重量物の設置で建物が傷まないか？）	① 計画図面，説明資料をしっかり作る 　（口頭説明では安心は得られない場合も）
② 美観を損ねる恐れがある 　（奇抜なアンテナが付くのか？）	② 設置予定アンテナの写真を用意 　（実物を見て安心してもらう）
③ 住民を不安にさせる 　（落下や電波障害は大丈夫か？）	③ 専門業者による施工と安全対策 　（プロによる施工で安心感を得る）
④ 転居時の原状回復は大丈夫か 　（退去のとき，間違いなく撤去するか？）	④ 施設賠償保険への加入 　（賠償能力を確保して安心感を与える）
⑤ 事故の可能性はあるのか 　（落雷を受けたり強風で飛んだりしないか？）	⑤ 使用料支払いの提案 　（敷金増額も一つの方法）
⑥ 鳥のフン害は大丈夫か 　（清掃にいらぬ手間と費用がかかる）	

ないようにすることが大切ですし，その旨を確約するような念書を差し入れておくのも一つの方法です．念書の書式などは管理している不動産会社が相談に乗ってくれる場合もあります．

● 屋上などの利用交渉のポイント

想定していない，前例がない話が舞い込むと，オーナーも管理会社も「大丈夫だろうか？」と不安になります．その不安がぬぐえるよう，オーナーや管理会社が心配しそうなことをピックアップし，対策を考えて提案することが成功への近道と言えるでしょう（**表5-2**）．

アンテナ設置承諾を賃貸借契約時に得る

賃貸アパマンの場合は，住まいを所有する場合と比較して，住み替えが容易というメリットがあります．

賃貸アパマンは，部屋を探す際にアンテナ設置の許可をオーナーから得られることを条件に部屋を探すこともできます．その場合は，しっかりとその意思を営業マンに伝えておくとまんざら無理ではない話だと思います．

住まい探しでこのような条件を希望する人は珍しいかもしれませんが，店舗や事務所用のスペースを探している人は，設備的な条件も付けてくるので，ベランダへのアンテナ設置の承諾の可否を判断するレベルなら，普通の不動産会社ならば難しいことではないはずです（ただし担当した営業マンのスキルにもよる）．そのような背景があるので，部屋探しの際は遠慮なく，アンテナ設置の件について伝えてみましょう．その際，設置したいアンテナの形状やサイズがわかる資料（カタログでもよい）や計画書などを持っていくと効率的です．

交渉がしやすそうな物件を選ぶことも大切です．外観にこだわったアパマンや，駅から近く比較的新しいマンションほど，交渉が難航する可能性があります．いろいろと希望を言ってくる面倒そうな人に入居してもらわなくても，ほかの入居希望者がスグに現れるので問題ないという心理です．

賃貸アパマンにアンテナ設置，注意点と解決策

■ 相談なしにアンテナを建てたらどうなるか
● 共用部に建てた場合

賃貸借契約の共用部の使用禁止条項に違反する

として指摘があり，そこは共用部である旨を告げられ，撤去を求められるでしょう．

● バルコニに勝手に立てた場合

それは何であるかという確認の連絡がある場合があります．状況によっては規模縮小や撤去を求められます．

● 撤去を求められないために

アンテナの設置状況が承諾や許可を得るレベルではないと思っても，管理会社やオーナーに一声かけておくと確実です．入居者から問い合わせやクレームがあったときでも，管理会社がそれが何であるか，実害がない旨を知っていればトラブルも防げる可能性が高まります．

■ 建物の現況を変更するには許可が必要

許可なく建物の一部を変更（穴を開けるなど）することは禁止されています．

■ 傷をつけたら弁償の可能性

あくまでも借りている部屋やバルコニなので，アンテナの設置にともない，建物や設備に傷をつけてしまった場合には，退去確認時に通常損耗を超える汚損破損と判定され，修復費用を請求される可能性があります．アンテナなどの配線のための両面テープのノリ跡やビス穴の跡なども修復の対象です．手すりにパイプなどを固定する場合は，傷防止のゴム板などを活用することをお勧めします．

■ 開設同意書

アマチュア無線局の開局申請用紙を購入すると同封されている「開設同意書」は，賃貸住宅に住んでいるからといって必ず必要になるものではありません．この同意書は社団局を公共的な施設や企業内に置くとき，または個人でも，ハイパワーの局を自分の所有でない建物内（＝賃貸）で開設するときなどに提出を求められる場合があると言われています．

5-3　安全と安心のために

賃貸アパマン，分譲マンションの別を問わず，自分で設置したアンテナが外れて落下してしまったり，風で飛ばされたりした結果，他人の身体や財物に損害を与えてしまった場合には，自身がその責任を問われ，賠償（ケガ治療費の負担や壊した物の弁償，慰謝料などの支払い）をしなければならない可能性もあります．また，アンテナをいじっている最中にその部品や工具をうっかり落としてしまい，たまたま下にいた人にあたってしまうような事故に至る可能性もゼロではありません．

しかし，何らかの趣味を楽しむ場合，多かれ少なかれリスクはあります．ただ，そのようなリスクを最低限に抑えることと，万が一の場合に備えることは可能です．

安心を得るために～施工は専門業者に～

分譲マンションの管理組合に承諾を得てアンテナ工事を行う場合，特に屋上などに設置する場合は，アンテナ設置工事の内容や施工業者が書かれた書類を管理組合あてに提出することになるでしょう．

アンテナの設置や設営は専門業者に頼むと安心です．アンテナ工事を請け負ってくれるハムショップ（無線機器販売店）も数多くあるので，ハムショップに相談してみるのも一つの方法です．

アンテナ建設は経験豊富な親しい友人に頼む，手伝ってもらうという方法もありますが，万が一，工事中や施工後に事故が発生した場合，従来どおりの人間関係が維持できるかどうか．また，ご近

写真5-3 JARLのアンテナ第三者責任保険の加入証

所のイメージも「専門業者」による施工と「隣の旦那が自分で」施工しているのとでは印象が違うはずです．

業者に頼むとそれなりの出費を伴いますが，安心には代えがたいという考え方もあります．

安心を得るために〜賠償保険に加入する〜

万が一，所有しているアンテナ（**写真5-4**），ローテーター，タワーなどの安全性の維持や管理の不備，構造上の問題によって，他人（同居する親族は除く）に法律上の損害賠償責任が発生した場合に備える保険もあります．

アマチュア無線家向けとして有名なのはJARL（日本アマチュア無線連盟）会員が加入できる「アンテナ第三者賠償責任保険」で，団体扱いの施設賠償責任保険です（**写真5-3**）．例年，日本アマチュア無線連盟の会報誌「JARL NEWS」の秋号に案内が掲載され，申し込み可能な期間は10月上旬〜12月中旬，保険期間は翌年の1月1日〜12月31日までになります．JARL会員ではない方や，申し込み受付期間中に申し込みを行わないと加入できないのですが，そのぶん，保険料の負担もわずか（2013年度はタワー1基あたり年間1,000円）です．

また，アンテナの規模や状況，保険会社の考え方によりますが，これらの賠償リスクを担保できる可能性があるのが，住宅用火災保険（賃貸住宅用も含む）にセットできる「個人賠償責任保険」や，施設や構造物を対象とした「施設賠償責任保険」です．なお，これらは「賠償」に備える保険なので，アンテナが落下したり，倒壊して自宅の屋根を破損したり，家族（同居の親族）の身体・財物に損害が発生しても保険金は出ません．ご自身の財産を守るには，建物火災保険・家財保険，傷害保険などで担保します．

何より，事故が一度発生してしまうと，趣味を楽しむどころの話ではなくなり，ハムライフすら断念ということにもなりかねません．日ごろからしっかりと安全を意識し備えておくことが，最も安心といえるのではないでしょうか．

写真5-4 アパマン環境では万が一アンテナが落下してしまったら，落ちる先はマンションの共用部．備えは万全にするに越したことはない

索引

数字

2波同時受信機能	21

A

ACライン・ノイズ・フィルタ	102
ADSL	95
AH-3	71
AH-4	68, 72
AM/FMラジオ	86
APRS	40
ATAS-120	50
ATU	44, 70

B

BNC	41

C

CAA-500	49
CAT-10	61
CRT-7	58
CW	33
CYA2375	58

D

DX	19
DXCC	19
DSP3500	36
D-STAR	37
DXペディション	32

E

EchoLink	39
EHアンテナ	45
EMC対策	103

F

facebook	24
FC-30	61
FT DX 5000	21
FT-450D	31
FT-857D	34
FT-897D	35
FTM-350A	41

G

GP	55, 57
GZV4000	36

H

HC-200ATF	71
HF40CL	43
HUB	105

I

IRLP	20
IC-7100	34
IC-7200	34
IC-9100	25
ID-51	41
ISDN	95

L

LAN	105
L型回路	65

M

MAT50	48
MFJ-259B	49
M型コネクタ	66

P

PLC	95
PSK31	32
RD-Vシリーズ	53
RTTY	34

S

Sメータ	103
SD330	51
STPケーブル	105
SWR	61
SWRメータ	62

T

TS-2000	41
TS-480	35
TS-590	35
T型回路	65

U

UTPケーブル	105

V

VCCI	88
VDSL	95

W

WIRES	37

あ

アース	45, 76
アパマン用基台	47
アルミ線	74
安定化電源	35
アンテナ・アナライザ	49
アンテナ・チューナ	54
アンテナ・ベース	47
アンテナ基台	46
異常発振	63
インターホン	103
インターネット回線	95
インピーダンス	62, 65
エレメント	74
エンティティー	13, 20
遠隔操作	22, 25
大型パイプ基台	47
オーディオ	92
オーナー	111
屋外型ATU	70

か

開設同意書	113
外部スピーカ	93
カウンターポイズ	46
管理規約	108
管理組合	109
管理会社	111
技術基準適合証明番号	30
基本波	86
規約	108
キャリア用基台	56
共同住宅	108
共用部	108
グラウンド・プレーン・アンテナ	55
グレーゾーン	33
コイル	65
高周波グラウンド	45
高周波増幅	62
交渉相手	111
高周波感電	99
高調波	86
コードレス・ホン	93
固定機	33

索引

コモン・モード	87
コモン・モード・フィルタ	46
コンディション	31
コンデンサ	65
コントロール回路	72
コンパクト・アンテナ	45

さ

サイクル	33
最大送信出力	33
サッシ	59
山岳反射	37
シールド	94
磁界ループ・アンテナ	45
シャック	31
終段	62
周辺装置	99
受信ブースタ	103
使用細則	108
シリコン・シーラー	49
真空管	63
進行波	61
スイッチング電源	36
スキップ	33
隙間ケーブル	59
スプリアス	86
設置承諾	112
専用使用権	109
送信出力	29

た

ダイポール・アンテナ	43, 52, 67
多巻ループ・アンテナ	79
ダミーロード	101
タワー	85
単管パイプ	57
短縮コイル	54

ちくわ	23
チューナ	60
釣り竿	44
釣り竿アンテナ	44
デジタルモード	33
鉄骨造	85
テレビ	85
電気通信術	29
電気配線	85
電源ライン	102
電波防護指針	29
電波障害	84
電波伝搬予測	32
電離層	32
同軸ケーブル	46, 58
東北地方太平洋沖地震	24

な

ノーマル・モード	87
ノッチ・フィルタ	95

は

π型回路	66
賠償責任保険	114
ハイバンド	32
パケット通信	40
パソコン	93
パッチン・コア	52, 96
反射波	61
ハンディ機	40
バンドプラン	38
東日本大震災	24
光ファイバ	93
ビル反射	37
ファイナル	62
不動産会社	111
分譲マンション	108

ホイップ・アンテナ	55
防音対策	72
保護回路	35

ま	
マイコン	52
マグネット・アース	48
マスト	57
マルチバンド	44
未承諾設置	110
ローディング・コイル	44
メジャー	82
メタル・ケーブル	93
免許局数	28
モータ・ドライブ・アンテナ	50
モービル・ホイップ	38
モービル機	41
モノバンド・タイプ	42
漏れ電波	64

や	
八木アンテナ	56
用法違反	109
容量結合	83
呼出周波数	38

ら	
ラジアル	55
ラジオ	91
落下防止	59
利用交渉	112
リレー	66
ループ・アンテナ	79
レピータ	40
ローテーター	58
ローパス・フィルタ	64, 87
ロス	61
ロング・ワイヤ・アンテナ	73

執筆者プロフィール

● 第1章, 第2章（各 HF/50MHz編）担当

小山　弘樹（こやま　ひろき）

1963年　大分県生まれ
1984年　国立熊本電波高専卒業，2002年　電気通信大学 大学院博士前期課程修了（電磁波工学）
東京都文京区在住．外資系IT企業勤務．

　1973年，小学校3年生のとき，学校の向かいのお宅にダイポール・アンテナが張られているのを見つけ突撃訪問．7MHzでの交信のようすを聞かせてもらい感動を覚える．以来，アマチュア無線に魅かれ，一般の高校ではなく電波高専へ進学．

　学生時代はJA6YAPのコールサインで熊本阿蘇山の麓の広大な敷地において，1.9～7MHzの各フルサイズ・ダイポール・アンテナで無線に没頭．卒業後上京しマンション暮らしが始まる．それまでの贅沢なアンテナ環境とは異なった条件に悪戦苦闘しながらもHFを中心に運用に情熱を傾ける．

　東京都心で7K1NAQ（500W），静岡県伊東市にJQ2KBV（1kW）をそれぞれ開局．また米国KY7V，中東ヨルダンJY8AQなどの免許を受け，海外のホテルからもHF運用を楽しんでいる．
【執筆】
1992年～1996年　CQ Ham Radio「頑張れ！アマパン・ハム」執筆．

● 第3章, 第4章担当

田中　宏（たなか　ひろし）

1968年生まれ．
金沢工業大学 工学部 機械システム科卒
第1級アマチュア無線技士，1980年愛媛県松山市でJH5MNLを開局．
大阪府豊中市在住．IT企業勤務．

　パソコンはノイズの発生源と決め付け，オーディオとの融合に長年疑問があったが，実際に使ってるみると，音質の素晴らしさと利便性の高さに驚き，CDの登場以来の感銘を受けてからは，必要に応じて家庭内のデジタル化を推進している．デジタル化で失うことも多いが，テレビからゴーストが消え，電波障害が減り，機器から発生するノイズも増えないため，以前より良い環境になったと信じて，趣味としての無線を楽しんでいる．

　アマチュア無線界の先人たちの偉業と数々のアイデアに感謝しながら，マンションの限られたスペースを生かし，気長にQSOする方法を考え，実践している．ベランダからアンテナを出して，1局でもQSOできれば幸せだと思う気持ちが，一番大切だと感じる毎日．
【執筆略歴】
1986年から現在に至るまで，アンテナ製作やリグ・メインテナンス系のテクニカルな記事を手がけ，現在に至る．
・ 書籍「アマチュア無線機のレストア入門」
・ 書籍「改訂新版 手作りアンテナ入門」
・ CQ ham radio 連載「いたずらのすすめ」，「ベランダ・ハムのための日曜アンテナ製作教室」，「ハムの日曜ハンドメイド」
ほか，執筆記事多数．

写真提供：JF1VNR 戸越 俊郎，JP3ULK/JL3YXL 北条 弘師 ほか，協力者の皆さん

■ **本書に関する質問について**

文章，数式，写真，図などの記述上の不明点についての質問は，必ず往復はがきか返信用封筒を同封した封書でお願いいたします．勝手ながら，電話での問い合わせは応じかねます．質問は著者に回送し，直接回答していただくので多少時間がかかります．また，本書の記載範囲を超える質問には応じられませんのでご了承ください．

質問封書の郵送先
〒112-8619 東京都文京区千石4-29-14　CQ出版株式会社
「アパマン・ハム入門」質問係 宛

- **本書記載の社名，製品名について** ── 本書に記載されている社名および製品名は，一般に開発メーカーの登録商標です．なお，本文中ではTM，®，©の各表示は明記していません．
- **本書記載記事の利用についての注意** ── 本書記載記事は著作権法により保護され，また産業財産権が確立されている場合があります．したがって，記事として掲載された技術情報をもとに製品化するには，著作権者および産業財産権者の許可が必要です．また，掲載された技術情報を利用することにより発生した損害などに関しては，CQ出版社および著作権者ならびに産業財産権者は責任を負いかねますのでご了承ください．
- **本書の複製などについて** ── 本書のコピー，スキャン，デジタル化などの無断複製は著作権法上での例外を除き，禁じられています．本書を代行業者などの第三者に依頼してスキャンやデジタル化することは，たとえ個人や家庭内の利用でも認められておりません．

JCOPY 〈出版者著作権管理機構委託出版物〉
本書の全部または一部を無断で複写複製（コピー）することは，著作権法上での例外を除き，禁じられています．本書からの複製を希望される場合は，出版者著作権管理機構（TEL：03-5244-5088）にご連絡ください．

アパマン・ハム入門

2013年4月1日　初 版 発 行
2024年1月1日　第3版発行

© CQ出版株式会社　2013
（無断転載を禁じます）

CQ ham radio編集部 編

発行人　櫻　田　洋　一
発行所　CQ出版株式会社
〒112-8619　東京都文京区千石4-29-14
電話　編集 03-5395-2149
　　　販売 03-5395-2141
振替　00100-7-10665

乱丁，落丁本はお取り替えします
定価はカバーに表示してあります

ISBN978-4-7898-1588-8
Printed in Japan

編集担当者　吉澤 浩史
本文デザイン　㈱コイグラフィー
DTP　㈱マップス
印刷・製本　三晃印刷㈱